原子炉圧力容器の構造

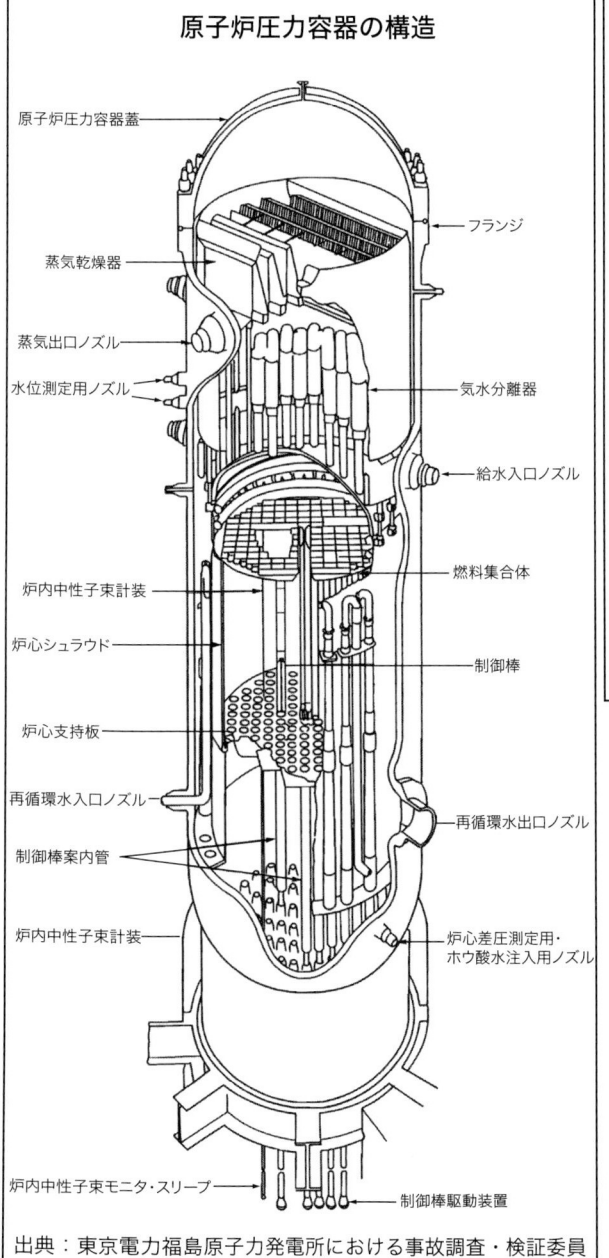

- 原子炉圧力容器蓋
- フランジ
- 蒸気乾燥器
- 蒸気出口ノズル
- 水位測定用ノズル
- 気水分離器
- 給水入口ノズル
- 炉内中性子束計装
- 燃料集合体
- 炉心シュラウド
- 制御棒
- 炉心支持板
- 再循環水入口ノズル
- 再循環水出口ノズル
- 制御棒案内管
- 炉内中性子束計装
- 炉心差圧測定用・ホウ酸水注入用ノズル
- 炉内中性子束モニタ・スリーブ
- 制御棒駆動装置

出典：東京電力福島原子力発電所における事故調査・検証委員会「中間報告」（2011年12月26日）掲載の図を元に作成

燃料集合体と燃料棒の構造

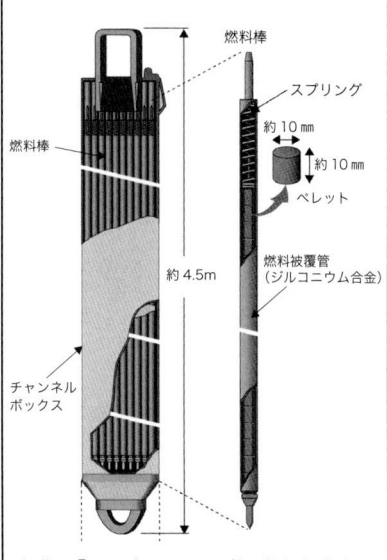

- 燃料棒
- スプリング
- 約10 mm
- ペレット
- 約10 mm
- 燃料被覆管（ジルコニウム合金）
- 約4.5m
- チャンネルボックス

出典：『原子力2010』（経済産業省資源エネルギー庁編集・日本原子力文化振興財団発行）掲載の図を元に作成

原発爆発

科学ジャーナリスト 倉澤治雄
Kurasawa Haruo

高文研

＊──目次

序　自分で決めて生きる、3.11後の暮らし　3

I　あの時、何が起きたのか──原発事故の実相
＊危機管理　18
＊予兆　22
＊原子力緊急事態宣言　26
＊不信の連鎖　30
＊ベントをめぐる混乱　34
＊官邸、1号機水素爆発を把握できず　38
＊海水注入をめぐる吉田所長の一芝居　41
＊官邸の空回り　45
＊撤退か退避か……?　47
＊誰がSPEEDIを殺したか?　52
＊ベントの社会学　67
＊なぜ政府は国民を守れないのか　74

II　原発はなぜ爆発したか──事故原因に迫る
＊原発事故を理解するために　81
＊事故とは何だろうか?　87
＊原子炉で何が起きたのか?　90
＊メルトダウンと再臨界　93
＊事故矮小化の論理と倫理　96
＊電源喪失は世界最悪のブラックジョーク　102
＊1号機イソコンの悲劇　114
＊冷却機能の喪失　123
＊使用済燃料プールという盲点　130
＊過酷事故は防げない　136

Ⅲ 原子炉建屋を吹き飛ばした「水素爆発」の脅威
- ＊福島第一原発取材記　142
- ＊吉田所長が語ったこと　148
- ＊「事故収束」の厚顔無恥　151
- ＊水素爆発の衝撃　155
- ＊爆発映像から何を読み解くか　159
- ＊水素爆発から逃げられない　167
- ＊水素はなぜ簡単に漏れたのか？　171
- ＊圧力容器の脆弱性　173
- ＊格納容器は「最後の砦」？　175
- ＊3号機爆発の脅威　178
- ＊4号機爆発の怪　182
- ＊2号機はなぜ爆発しなかったか　186
- ＊現場検証と再現実験　189

Ⅳ 行くも地獄、戻るも地獄――"負の遺産"をどうするのか
- ＊福島第一原発のいま　194
- ＊10万年の負の遺産――高レベル放射性廃棄物　199
- ＊漂流する使用済燃料と再処理　204
- ＊「もんじゅ」の悪知恵　211
- ＊廃炉の季節　215
- ＊4つの事故調を読んで――未解決に終わった事故原因　217
- ＊事故原因は永遠に闇の中に……　225

エピローグ　そして謝辞　228

装丁＝商業デザインセンター・増田　絵里

序

自分で決めて生きる、
3.11後の暮らし

今から40年ほど前、私は大学のオーケストラの一員として、石巻に演奏旅行に来たことがありました。豊かな魚介類が印象的で、大好きなホヤをたくさん食べたことを覚えています。演奏した曲目はフランスの作曲家ラヴェルの「左手のためのピアノ協奏曲」、ピアノソロは小林仁、私はバスクラリネットを担当しました。
　その同じ石巻に震災後の6月に立った時、言い知れぬ恐ろしさと寂しさを感じました。見渡す限り、まるで写真で見た戦後の焼け野原のようでした。被害が大きかった門脇小学校の前にはがれきが山のように積まれていました。そのがれきの中に、時折ひとりふたりと人の姿が見えました。破壊された自宅に戻り、思い出の品々を集めていたのでしょうか。
　生き生きとした港町の風景、豊かな海の幸、文化や伝統、そして人々の営みが、一瞬にして失われてしまいました。

　かつてイギリスの宰相チャーチルは「ひとりの死は悲しみである。しかし、10万の死は統計である」という冷たい名言を残しました。今回亡くなられた方々、行方不明になっている方々、その御家族、知人の皆様にとっては、とても「統計」として片付けられない災害でした。
　2013年3月11日現在、死者・行方不明者の数は18,549人に上っています。

　地震と津波は「絶対安全」といわれた原子力発電所にも容赦なく襲いかかりました。「安全神話」はやはり「神話」に過ぎないことが明らかになりました。「神話」にはたくさん嘘が含まれています。
　ユーラシア大陸の東端に位置する日本が、地殻を覆うプレートのまさに最先端に乗った、世界で最も地震の多い国であることを、改めて思い知らされました。地震学者によると、世界の地震の10%は日本および周辺で起きるのだそうです。

　震度6の地震と高さ14メートルという「想定外」の津波に襲われた福島第一原子力発電所は、原子炉の停止には「成功」したものの、津波によりす

べての電源を喪失しました。原子炉の中では核燃料から放出される熱とそれを抑えようとする冷却水が、激しい葛藤を続けました。「最悪の事態」を回避するための戦いが何カ月も続きました。そして現在も「戦い」は収束していません。

「想定外」という言葉が幾度となく使われました。しかし「想定」するのもまた人間です。「想定外」という言葉を使うとき、それは「人間の叡智が自然の猛威の前にあえなく敗れ去った」ことを意味するのでしょうか？

科学記者を目指して

私が初めて原発の取材に関わったのは、1981年の日本原電敦賀原発の放射能漏れ事故でした。福井県の調査で海藻から高い濃度の放射能が検出され、大騒ぎとなりました。当時、記者2年生だった私も取材班の一員に加わりましたが、科学記者を目指しながら原発のことを何も知らない自分に、何ともふがいない思いばかりが募りました。自分の無知を思い知らされました。

原電敦賀1号機は記念碑的な原子炉です。1970年の大阪万博の会場に初めて電気を送り、開会式では「原子の灯が万博会場にとどきました」とアナウンスが流れました。

1964年の東京オリンピック、そして1970年の大阪万博と、日本は高度成長期の真っただ中でした。高度成長を支えるために次々と原発が建設されていきました。私が日本テレビに入社した1980年には、すでに21基が運転を開始していました。

1981年の日本原電敦賀原発の放射能漏れ事故をきっかけに、私は原発を正面から見据える決意を固めました。

日本テレビに入社したのは、偶然のなせる業でした。大学では物理化学を専攻し、大学院時代はフランスで過ごしました。研究テーマは「光化学」と「化学反応論」です。「なぜテレビ局に入ったのか？」としばしば聞かれました。「科学を映像で表現できれば面白そうだ！」と思ったのがその理由で、日本テレビのニーズとも合っていたのでしょう。入社試験の最終面接で報道担当の取締役から、「核融合についてどう思うか？」と聞かれ、「原子力

発電よりクリーンなエネルギーだが、実現はかなり先だろう」と答えたことを、昨日のことのように覚えています。

入社3年目の1982年から科学技術庁の記者クラブに配属され、原発と向き合うことになりました。動燃人形峠のウラン濃縮施設、東海村の再処理工場、原子力船「むつ」、廃棄物処理施設、新型転換炉や高速増殖炉、それに事故を起こした福島第一原発をはじめ、各地の原発を取材しました。

記者クラブ時代、原発と核に関連する本をむさぼるように読みました。当時、記者クラブには科学関連の新聞の切り抜きが数十年分保存されていました。私は原発に関するすべての記事に目を通しました。原子力開発初期の頃には、「原子力飛行機」「原子力機関車」、果ては「原子力病院」まで構想され、「電気代は2000分の1になる」といった記事が紙面にあふれていました。原子力開発はバラ色の未来の象徴として語られていたのです。

1986年4月、チェルノブイリ原発事故が起きました。ゴールデンウィークの華やいだ気分は吹っ飛び、9000キロ離れた日本でも、放射性ヨウ素が降り注ぎました。初めは雨水、次に水道水、そして牛乳、さらには母乳からもヨウ素が検出されました。連日特別番組が組まれ、私は故高木仁三郎、故久米三四郎、故中島篤之助といった専門家をスタジオに招いて、事故の分析と解説を行いました。

「日本では炉型が異なり、起こりえない」という政府の説明は、とうてい納得できるものではありませんでしたが、それでもなお、日本の原発が「爆発」するとは想像もしていませんでした。

原子力船「むつ」の取材には最も多くの時間を割きました。日本の原子力開発の象徴だと考えたからです。原子力船に関するあらゆる文献を調べる一方、週末を利用して青森県むつ市に通いました。1988年、『原子力船「むつ」虚構の航跡』(現代書館)として出版しました。当時の中川一郎科学技術庁長官が、新母港建設が予定されていたむつ市関根浜の漁民に向かって言い放った一言が今でも耳にこびりついています。

「皆さん、共存共栄で行きましょう」

序　自分で決めて生きる、3.11後の暮らし

わき上がる疑問──人間社会は本当に原発と共存できるのか

　取材を進めるほど、私の中にもやもやと疑問が立ち上ってきました。中川長官が言うように、「人間社会は本当に原発と共存できるのか……？」と。
　「むつ」の取材で下北半島に通ううちに、東通原発、六ヶ所村の核燃料サイクル基地構想、青森県大間で進められていた新型転換炉建設（現在はフルMOX）の過程もつぶさに取材することができました。「過疎」の弱みに付け込んで、札束で海や土地を買い叩いていく姿勢に、日本の原子力開発の矛盾がはっきりと見て取れました。
　1999年、東海村JCO事故の時は、中国・北京の特派員でしたが、「臨界」の一報を聞いて、背筋が寒くなる思いでした。当時中国では建国50周年の記念行事が行われていましたが、北京駐在の外国メディアはほとんどすべて、東海村に向かいました。
　2002年6月、報道局政治部長を最後に、私は報道の現場を離れました。22年間の記者生活では原発だけでなく、「地下鉄サリン事件」をはじめとした事件、事故、災害、それに東西冷戦の終結、湾岸戦争、鄧小平の死去、香港返還など歴史的な場面に立ち会いました。しかし、記者生活の最後に「東電福島第一原発事故」の取材に関わるとは、想像もしませんでした。まさに「想定外」です。
　福島第一原発事故、そして日本の原子力開発の行く末を見届けることは、記者としての私に課せられた最後の使命です。

現場復帰

　2011年3月1日午後、私は会議のため東京・青山にある事務所の一室にいました。午後2時半すぎ、突然建物がユラユラと動き出しました。同じ部屋にいた事務の女性は「あらっ、地震だわ」とはじめは笑っていましたが、揺れが激しくなると、真っ青な顔をして机の下に飛び込みました。
　私はといえば、揺れの周期から「この地震は大きいけれども東京から遠いな」と直感しました。同じような揺れを高校1年生の時に味わったことをぼんやりと思い出していました。1968年5月の十勝沖地震です。

私の自宅はマンションの22階です。すぐに自宅に電話しましたが、すでに携帯も固定電話も繋がりませんでした。メールも不通、ただ事務所のテレビに食い入るばかりでした。
　震源は宮城県沖、マグニチュードは7.9と発表され、津波警報が発令されました。
　かつて、東京大学地震研究所で海洋地震を研究していた笠原順三東京大学名誉教授から、「倉澤さん、三陸沖は数百メートルの崖のような断層が幾重にも重なっているんですよ。この断層がすべて津波を起こしたかと思うと恐ろしくなります」と聞いていました。
　東日本大震災は想像を絶する被害をもたらしました。地震に伴う津波で多くの人命が失われました。防波堤や防潮堤をやすやすと超えて、町や村、家屋や車、そして人々を飲み込んでいく様子がリアルタイムで捉えられ、大きな衝撃を与えました。笠原先生は自ら有人潜水調査船「しんかい2000」で日本周辺の海底を調査していました。
　笠原先生の言葉がただちに私の脳裏に甦ってきました。

　テレビとは恐ろしいメディアです。テレビ局が意図するかしないかにかかわらず、今までに見たこともない光景を平気で映し出してしまいます。何度も押し寄せる津波の様子はまさに地獄のようでした。そこに人がいるかと思うと、映像を平気で見ている自分という存在が不思議に思われるくらいでした。

　その日の東京は歩いて帰る人でいっぱいでした。私もわずかに動き始めた都営地下鉄を乗り継いで、夜中の2時過ぎに千葉県市川市の自宅に戻りました。自宅で改めて津波の被害を放送するテレビにくぎ付けになると同時に、嫌な予感が脳裏を横切りました。「原発は大丈夫か？」と。

　12日土曜日の朝、私は休日をとって早朝の便で上海に行く予定でした。しかし、JRはほぼ運休、私鉄も運休であきらめざるを得ませんでした。これが私の運命を変えました。
　12日午後、飛行機を逃して二度寝入りした私の目に飛び込んできたのは、

福島第一原発のニュースでした。嫌な予感はどんどんふくれあがり、その日の夜のニュースを見るに至って、1号機が爆発したことを知り、「これは大変なことになる」と直感しました。それから間もなく、日本テレビ報道局のKデスクから、「倉澤さん、出社してください。出演するつもりで……」と電話がありました。

私はニュースの現場を離れて10年近くたっていたので、一瞬躊躇しましたが、再度夜中にデスクから電話があり、出社を決意しました。

電車を乗り継いで13日早朝に汐留の日本テレビについた後は、怒濤のような出来事の渦中に放り込まれたのです。

メディアに携わる者の使命

事故発生直後の2011年5月、電通総研に呼ばれて原発事故とメディアの話をした後、会場の女性から鋭い質問が飛びました。

「日本テレビは原発を始めた読売グループでしょ。私は事故以来、絶対に日本テレビを観ません」

私はひどくショックを受けました。日本テレビは日曜深夜に40年近く「ドキュメント」を放送しています。原子力開発の矛盾を指摘した作品がたくさんあります。それでも視聴者からみると、「ささやかな抵抗」か「アリバイ」にしか映らなかったのでしょうか。

「あなたのような記者がいて、少しはホッとしました」と、その女性が言葉を続けてくれなければ、私は自信を喪失してテレビ解説を続けることはできなかったでしょう。

約10年ぶりに報道の現場に戻り、原発事故報道の渦中に放り込まれ、様々な思いが胸をよぎりました。とりわけテレビジャーナリズムの行方については、希望と失望が交錯しています。

若い記者の皆さんはとても優秀です。原発の仕組みや核燃料サイクルの原理など、私が数年かけて学んだことを、皆2週間程度でマスターしてしまいました。この本も日本テレビの若い記者の取材に多くを負っています。

新聞、テレビ、雑誌、ラジオのいわゆるマスメディアを、「マスゴミ」などと悪しざまに侮蔑する風潮がありますが、私は全く同意できません。一人

ひとりの記者はそれぞれ悩み、苦しみながら身を粉にして、真実を求めて取材を行っています。
　一方で、「グルメ」や「エンタメ」が幅を利かせるテレビニュースの現状については、少々失望しています。しかし絶望はしていません。テレビジャーナリズムの潜在的な力は、まだまだ眠ったままです。
　一人ひとりの記者が横並びを排して、こだわりを持って取材すれば、テレビニュースははるかに生き生きしたものになるでしょう。本物のニュースで互いに競うようになれば、日本のテレビジャーナリズムは間違いなく人々の信頼を獲得すると確信しています。

　私が日本テレビのニュースと情報番組で解説をするようになって、いろいろな方々から質問を浴びせられました。
　「政府の20キロ避難区域は安全か？」「アメリカ政府は80キロ退避の命令を出したが東京は大丈夫か？」「妻子だけは関西に逃がすべきか？」「放射性物質が検出された水は飲めるのか？」「ホウレンソウは食べられるか？」「最悪の事態になるとどうなるのか？」
　なかには「お前は自分だけで独自の情報ルートを持っていて、いざとなったら逃げるのだろう」と邪推する人まで現れました。
　人々が疑心暗鬼となっていることは明らかでした。「ただちにヒトの健康に影響はない」という政府や当局、それに専門家のあいまいな発言が、人々の疑心暗鬼に拍車をかけました。

　もちろん、私とて明確な答えを持っていたわけではありませんし、ましてや独自の情報ルートなどありませんでした。ですからさまざまな問いには、「自分で考えて行動してください」と答える以外にありませんでした。
　とはいっても、人々が自ら判断するためには、正確で整理され、なおかつわかりやすい情報が欠かせません。「民主主義は人々が事実を知るだけでなく、理解することが大切である」というアメリカCBSの「ニューススタンダード」（報道基準）の一節は、メディアの核心を突いています。
　人々が自ら判断するための材料は、私たちメディアが伝えなければなりま

せん。私たちは手探りでもいいから、人びとがきちんと判断できるための材料を提示しなければならないと覚悟を決めました。

「報道の自由」を掲げ、「国民の知る権利」に応えなければならない私たちは、「なしえたこと」だけでなく、「なしえなかったこと」も検証しなければなりません。

原子力安全・保安院、東京電力、原子力安全委員会、それにあまたの専門家の説明は、到底幅広い人々に理解してもらうための言葉では語られていませんでした。専門用語が飛び交うだけではありません。そもそも彼らには「人々に理解してもらおう」という気持ちがひどく希薄です。「原発のことは俺たちしかわからない」──そんな驕りが見て取れました。彼らの言説は一言でいうと、「他人事」でした。

インターネットの時代には、人々は簡単に生の情報に接することができます。記者会見がネットで生中継されるケースも格段に増えました。しかし、こうした情報をきちんと読み解くことができる人たちは極めて限られています。

私たちメディアは様々な形で発信される情報を集め、読み解き、分析して、「事実」を求め、「真実」を知りたい視聴者に、早く正確に提示しなければなりません。それがメディアの役割ですし、不毛な流言蜚語を防ぐ手段でもあるのです。

原発はなぜ爆発したか──本書執筆の目的

原発の事故に伴って、気体・液体の放射性廃棄物が大気中、そして海に放出されました。原発事故の大原則である「止める、冷やす、閉じ込める」のうち、原子炉を「止める」ことには一応「成功」しましたが、原子炉の「冷却」は今も不完全で、放射性物質はすでに大量に環境中に放出され、これ以上の放出を回避するための「閉じ込め」機能も、ほぼ失った状態が続いています。

3月12日に起きた1号機の水素爆発、14日に起きた3号機の水素爆発を映像で目の当たりにしたとき、正直に言って足が震えるほどの恐ろしさを感じたのは視聴者の皆様だけでなく、テレビで解説をしていた私も同様でした。

3月14日深夜の2号機原子炉の「空焚き」、そして3月15日未明に2号

機で起きた圧力抑制室（格納容器の底部で大量の水が蓄えられている）の爆発では、大量の放射性物質が環境に放出されました。現場の運転員や作業員の苦悩に思いを馳せると、リアルタイムで放送中の私もいたたまれぬ気持ちになりました。

　同じ日の４号機使用済燃料プールからの発熱と、危機は次々と襲い掛かりました。福島第一原発の事故は、３つの原子炉と４つの使用済燃料プールが同時に危機的状況に陥る極めて複雑で複合的な事故でした。原子力開発史上最大の事故と呼んでも間違いありません。

　それにしても１号機そして３号機の爆発映像を撮影した福島中央テレビの功績は、今回の事故の大きさを歴史に刻む上で、計り知れない役割を果たしました。この映像がなければ、官邸は事故の重大さを認識しませんでしたし、東電や保安院はさらに事故を矮小化したかもしれません。

　私がこの本を書き始めた目的のひとつは、皆さんとともに水素爆発に至った事故のプロセスを私たち自身の力で読み解き、原発事故のリスクを正確に認識することにあります。地震大国日本にはまだ50基の原発が存在します。大量の使用済燃料や高レベル放射性廃棄物が現実に存在します。この事実から目をそらすことはできません。東電福島第一原発事故という原子力開発史上初めての複合事故を経験した私たちは、原発をどうするか、自分たちの力で考え、意思決定し、行動しなければならないのです。

　事故発生直後の2011年４月２日、原子炉建屋の地下に溜まっていた「汚染水」、高レベル放射性廃液が、海にダダ漏れとなっていることがわかりました。２号機の取水口付近で、電源ケーブルが通っているピット（立坑）内に、高レベル放射性廃液が流れ込み、海にも漏えいしていることがわかりました。

　漏えいを防止するために水中に投入されたのは、おがくずや新聞紙でした。この一報を聞いたとき思い出したのは、原子力船「むつ」が1974年、太平洋上で放射線漏れを起こした時に、ホウ酸水で炊いたご飯を靴下に詰めて遮蔽体の周りに積み重ねたことです。

ひとたび事故が起きると、打てる手段は原始的なものばかりです。高レベル放射性廃液の漏出は4日後に止水材の投入でようやく止まりましたが、大量の廃液が海に流れ込みました。
　事故から2年たった今でも、福島第一原発の専用港からは1キロ当たり70万ベクレルを超える魚が見つかっています。全身これ放射能の塊のような魚です。最先端の科学技術の粋を集めたはずの原発も、ひとたび事故が起きれば、極めてアナクロな手段しか取れないのです。
　民間事故調の委員長を務めた北澤宏一元東大教授は『現代化学』（2013年1月号）のインタビューで、「原子炉というのは人間がお手上げだといって手を下せなくなると、それから暴れ出す」と語っています。工学的な見地から、原発の本質を突いています。

　少々前口上が長くなりましたが、世界に500基以上ある原発のうち、なぜ福島第一原発だけが連続して「爆発」したのか、事故はどのように進行したのか、その時人はどう動いたのか、皆さんとともに薄皮を剥ぐように、事故の核心に迫ってみたいと思います。
　第Ⅰ章は「危機管理」がテーマです。政府の最大の責務は国民の生命と安全を守ることです。権力の中枢で「あの時、何が起きたのか」、「危機管理」はどのように行われたのか、SPEEDIはなぜ有効に使われなかったのか、ベントの本質は何か、規制機関はどう動いたか、検証します。
　「絶対安全」とされた原発で、なぜかくも容易に複数の原発がメルトダウンに至ったのか、第Ⅱ章では「原発」というシステムと事故の本質について考えます。事故について調べれば調べるほど、「想定外」のことはなにひとつなかったことがわかります。すべて「想定通り」のことが起きたにすぎません。「原発事故はまた起きる」と私は確信しています。
　第Ⅲ章は「水素爆発」の脅威について、画像と公開資料を分析しながら考えます。1号機と3号機だけでなく、定期点検中の4号機でも水素爆発が起きました。2号機では何が起きたのかわかっていません。そして現在も間違いなく水素が発生し続けています。原発の運転は水素爆発の脅威と常に隣り合わせなのです。

核燃料サイクルはすでに破たんしています。と同時に、大量の使用済燃料や放射性廃棄物を次の世代に残さなければなりません。原発を即時停止しても、廃棄物の処分問題から逃れることはできません。環境への影響がなくなるまでには10万年近い時間が必要です。まさに「行くも地獄、戻るも地獄」です。第Ⅳ章では世代を超えて先送りしなければならない「負の遺産」について考えます。

「自分で考える」第一歩を踏みだそう

3.11以前には皆さん一人ひとりが日常的に原発を意識する機会はおそらくあまりなかったでしょう。とくに都市生活者には……。しかし、これからは「原発をどうするか」、一人ひとりが考え、行動し、意思表示しなければなりません。

また3.11以後、放射性物質とどう折り合いをつけていけるのか、あるいはいけないのか、知恵を絞らなければなりません。すでに大量の放射性物質が土壌に沈着し、大気中、海中に流れ出ており、いろいろな形で人間世界に返ってきます。

もう3.11以前の日本には戻れないのです。

「東電福島第一原発事故」をめぐるあまたの書籍が出版されているにも関わらず、あえてこの本を世に問うことにしたのは、まず事故の経過と背景をできる限り忠実にたどったうえで、「原発事故の本質」、「原子力開発の光と影」、それに「原発とメディア」などについて「自分で考える」ための問題提起をしてみたいと考えたからです。

事故後の2011年6月、私は初めて福島県飯舘村を訪れました。酪農中心の実に美しい村でした。木々は初夏の太陽に生き生きとした緑の光を発し、山並みが波濤のように折り重なって、独特の風景を作り出していました。空気のおいしさは格別でした。

しかし今、土壌には放射性物質が沈着し、いつまた起きるかもしれない事故を恐れて、人々は大半が村を去ってしまいました。

大熊町の牛舎。手前は放置されたままの牛の死骸
(2011年8月26日撮影、写真提供／福島中央テレビ)

　飯舘村だけではありません。福島県全体が宝石のような農村地帯です。私の母方の故郷は新潟です。新潟平野の一面の水田とは異なり、起伏にとんだ美しい農村が、福島にはありました。私は新幹線の車窓から何度もその美しさにため息を禁じえませんでした。
　この緑美しい村々がまるで赤い絵具を塗りたくったように放射能で汚染されてしまいました。なんという悲劇でしょうか。

　人は大切なものを失って初めて「大切さ」に気づかされます。
　原発と生き物を象徴する一枚の写真を見ながら、「事故」の本質を見極めるための一歩を踏み出そうではありませんか？

I

あの時、何が起きたのか

―― 原発事故の実相

危機管理

　政府の最大の役割は「国民の生命、財産、健康」を守ることです。東日本大震災という「地震・津波・原発事故」という三重の危機に際して、はたして政府は全力で「国民の生命・財産・健康」を守ろうとしたでしょうか？

　東京女子大学の広瀬弘忠教授が2011年6月に行ったアンケート調査で、大変興味深い事実が明らかになりました。まず東日本大震災の「地震」、「津波」、「原発災害」の中で、最も大きな被害をもたらしたものは何かという質問に、55.4％の人が「原発事故」と答えていることです。「地震」と答えた人は19.1％、「津波」と答えた人は24.0％でした。

　死傷者の数だけみれば圧倒的に津波の被害が大きいことは言うまでもありません。家屋の倒壊や恐怖という意味では、地震も大きな被害をもたらしました。しかし、人々は今もまだ続く原発事故を最大の厄災と考えているのです。

　その根源には放射能という色も臭いもなく、目にも見えない存在への恐怖もあるでしょう。しかし最も大きな要因は「未来への恐怖」とでも言ったらよいでしょうか。今現在の死や苦痛だけでなく、世代を継いで未来にわたる影響に、人は本能的に拒絶反応を示すのではないでしょうか。

　アンケートの別の質問で、「最も信頼できない情報源は何ですか？」という問いに、59.2％の人たちが「政府や省庁」と答えています。前年の22.7％に比べて、ほぼ2.6倍上昇しています。アンケートが国民全体の意見を代表しているとは思えませんが、それにしても回答者のほぼ6割が「政府や省庁」を信頼しない状況を作り出した原因は何でしょうか？

　私は東日本大震災で「国」や「政府」や「行政」が、真剣に私たちの「生命・財産・健康」を守ってくれることはないと、見抜いてしまったからだと思っています。

　ちなみに「最も信頼できない情報源」が「テレビの独自情報」と答えた人は15.5％、「新聞の独自調査」と答えた人は2.2％でした。

　では福島第一原発で起きたことと、官邸を含めた政府・行政の中枢で起きたことは、どのように関係していたのでしょうか？

　あるいは政府や行政の意思決定は、福島第一原発の事故の進展に影響を与

えたのでしょうか？
　それとも別世界での出来事だったのでしょうか？

　民間の事故調査委員会である「福島原発事故独立検証委員会」（民間事故調）が、2012年2月にまとめた報告書によると、あたかも菅首相個人の性格が、事態を深刻化させたといわんばかりです。
　果たして本当でしょうか？
　事故を拡大させた原因は、第一に事故対策を怠ってきた東電自身と規制機関の原子力安全・保安院です。怠慢を指摘できなかった原子力安全委員会も同罪です。そのことに十分触れずに、政治家および政治の責任に帰してしまう態度は、まさに国民の目を政治にそらし、当事者の責任をあいまいにします。
　民間事故調は、東電の「調査」を全く行わず、「調査・検証報告書」を出版し、書店でも販売されました。第一当事者の「調査」を行わないまま、「調査・検証報告書」を出版することは、私には奇異に感じられます。
　しかも民間事故調には、山地憲治地球環境産業技術研究機構理事・研究所長という原発推進イデオローグが参加しています。これで果たして「独立性」を主張できるでしょうか？

　私は菅首相を礼賛する気は全くありません。結果的に十分に国民の「生命・財産・健康」を守りえなかったからです。しかし、事故の重大性をいち早く察知し、首相として日本の政治史上初めて「脱原発」を公言したことは、特筆に値すると思っています。かつてただの一人も、総理大臣が「脱原発」という言葉を口に出したことはありませんでした。
　菅首相の現地視察、菅首相の攻撃的性格、政府のベント（格納容器内の圧力を下げるための気体の排出）の指示、海水注入をめぐる行き違い、それに福島第一原発からの撤退騒動など、さまざまに報道されましたが、これら政権中枢の動きは、事故の進展に影響を与えたでしょうか？
　現時点での私の答えは「NO」です。たとえ別の政権であっても、メルトダウン（炉心融解）や水素爆発（原子炉内で発生した水素と空気中の酸素が接触して爆発）は防げなかったでしょうし、大量の放射能の放出は避けられな

かったでしょう。政権の意思決定は、福島第一原発で起きた事故の進展に大きな影響を与えなかったというのが私のいまの結論です。

一方、「放射能から国民を守る」という原子力防災の観点からは、政府の意思決定は間違いなく被害を拡大させました。官邸だけではありません。経済産業省、原子力安全・保安院、文部科学省、原子力安全委員会、国土交通省、厚生労働省など、権力の中枢にいる官僚や、原子力産業界、原子力学会、医学界の専門家や研究者の無責任な態度と不作為が、間違いなく被害を拡大させました。

なぜ力を合わせて、知恵を出し合い、「国民の生命・財産・健康を守る」という強い意志を示すことができなかったのでしょうか？

日本のベスト・アンド・ブライテスト（最良の、最も聡明な人々）は地に落ちたと言っても過言ではありません。

フランスの哲学者のジャック・アタリは、事故からわずか3週間後の4月1日にネットを通じて次のようなメッセージを世界に発しました。いま振り返ると、まさに今日の事態を予見しています。日本の知識人や学識経験者で、このようなメッセージを発した人物はいたでしょうか？

　　　　　　　　＊　　　　　　　　＊

〈福島原発から膨大な放射性物質が放出されることを阻止するために、国際社会はただちに行動しなければならない〉

現状は深刻です。中期的に人類の存在を脅かしかねないシナリオも排除できません。もし福島原発の原子炉で、燃焼した使用済燃料を貯蔵している容器やプールが熱で破損し、爆発し、地震で損傷するとなれば、海といわず、大気といわず、土壌といわず、膨大な量の放射性物質が、液体あるいは気体として放出されることになります。それどころか3号機の炉心からは、膨大な量のプルトニウムが放出されます。そうなれば日本の国土の一部は、広範囲に居住不可能となるでしょうし、確率は下がるものの地球全体を汚染する恐れさえあります。

これらはすべて、日本の原子力行政当局が、本来建設すべきでないところ

に原発を建設し、提案された安全装置の設置を採算性の理由から拒否したからです。その同じ日本の行政当局は、事故発生の当初から、避難に関してミスに次ぐミスを重ね、原子炉を冷却せずに放置し、安全装置を復旧不可能なほど損傷させ、高慢と秘密主義の混じった判断から、長期間にわたって、国際社会の支援を拒み、地球全体を動員しなければならない大災害について、彼らが知っていた情報を国際社会に全く提供しませんでした。

　このように行政当局は情報を与えないことで、すばらしい日本人を危険にさらし、低賃金労働者や未熟練な特殊任務の作業員を危険にさらしてきました。将来、「私は嘘をつきました」と言わないで済むように、行政当局は海外の専門家との連携を拒み、結果的に地球全体を危険に陥れたのです。

　国際社会はこれまでわずかな人権侵害にもただちに反応し、憤慨してきましたが（それは良いことなのですが……）、今回に限って知らぬふりをしていることは、私たちを途方に暮れさせます。私たちは日本の行政当局に彼らが何をしているのか、おずおずと尋ね、彼らが私たちの援助を拒否しても固執せず、自国民を日本から撤退させたり、危険を和らげるための声明を発表したりしています。人々をパニックに陥れないために、原子力産業を救うために、そしてあと数日、枕を高くして安眠するために……。

　すべてがばかげています。原子力産業は今回の大惨事が早急に抑止されなければ、よしんば救われることはありません。ですからやらなければならないことは、世界のすべての英知を集めたコンソーシアム（筆者注＝連合チーム）を作ることです。日本の友人たちは、事故処理に精通した世界最高の専門家をただちに受け入れなければなりません。そのことが原子炉の中で何が起きているかを知ることのできるただひとつの方法です。これら専門家の結論を待たずとも、ただちにヘリコプター、散水消火器、ロボット、コンクリートミキサーを空輸し、原子炉を効果的に封鎖し、災害を収束させねばなりません。介入する権利と義務が存在するかどうかを問うている場合ではありません。行動すべき時です。（筆者訳）

＊　　　　　＊

　事態はアタリの指摘通り推移し、国土の一部は失われました。海の放射能汚染は地球規模に広がるでしょう。本物の知識人や政治家のいない日本の悲

哀です。

　権力の中枢である官邸でのやりとりなどについては、たくさんの報道や類書がありますので繰り返しません。この章では福島第一原発の原子炉の中で起きたことと、政権中枢で行われた意思決定が、どのようなプロセスで展開したのか、そしてそれが住民の避難や被ばくに、どのような影響を与えていったのか検証したいと思います。

予　兆

　3月11日午後14時46分、地震発生と同時に福島第一原子力発電所の6基の原子炉のうち、運転中の1号機、2号機、3号機はすべて緊急停止しました。4号機、5号機、6号機は定期検査中でした。5号機、6号機の核燃料は原子炉に装荷されたままでしたが、4号機はすべての核燃料が、建屋上部の使用済燃料プールに入っていました。
　地震発生直後に外部電源が喪失し、2分ほどで非常用ディーゼル発電機が起動しました。
　外部電源は失ったものの、非常用電源が確保されたことから、当直長は「これで『冷温停止』に持ち込める」と思ったとのことです（東電中間報告書）。

　津波の第一波が襲ったのはほぼ40分後の15時27分ごろ、さらに最大の第二波が襲ったのは15時35分ごろでした。その後も断続的に押し寄せて、津波の高さでほぼ15メートル、しぶきの先端は、場所によっておそらく40メートル以上の高さに達したでしょう。
　福島第一原発の南にある展望台から撮影されたとみられる映像には、津波が発電所に当たって、建屋をはるかに超える水しぶきが上がっているのが確認できます。建屋の高さはおよそ40メートルですので、それを超える力を津波は持っていました。
　この津波でタービン建屋の地下に置かれていた非常用ディーゼル発電機が浸水し、15時37分、福島第一原発は「全交流電源喪失（SBO＝Station Black Out）」に陥ったのです。

吉田昌郎所長は15時42分、原子力災害対策特別措置法（以下「原災法」）の第10条にある「特定事象」のひとつ、「全交流電源喪失」にあたると判断して、関係機関に通報しました（10条通報）。
　「特定事象」とは何でしょうか？
　「原災法」と「施行規則」によって定められており、たとえば次のような「事象」が「特定事象」です。

- ◆原発の境界付近で1時間あたり5マイクロシーベルトを検出した時
- ◆排気塔など通常の場所で1時間あたり5マイクロシーベルトを検出した時
- ◆通常の方法では原子炉の停止ができない時
- ◆冷却材の喪失
- ◆給水機能が喪失した時に、非常用炉心冷却装置が作動しないこと
- ◆原子炉の残留熱を除去する機能が失われた時
- ◆交流電源が5分以上喪失した時
- ◆原子炉の水位が、非常用炉心冷却装置が作動するほど下がった時
- ◆中央制御室が使えなくなり、原子炉の停止や残留熱の除去ができなくなった時

　吉田所長名の最初の通報は、1号機から5号機の「全交流電源喪失」で、通報先は経済産業大臣、福島県知事、大熊町長、双葉町長となっています。近隣の浪江町、楢葉町、いわき市などには通報は直接届きませんでした。
　この時発せられた報告書には「特定事象の種類」として13の項目があげられ、そのうち「全交流電源喪失」に手書きで丸が付けられています。「状況」については「全制御棒全挿入」、つまり原子炉が緊急停止したことが示されているほか、「その他の情報」として、「1～5号機：D/G全台使用不能　6号機：D/Gのみ運転中」（筆者注＝「D/G」とは「非常用ディーゼル発電機」のこと）と書かれています。
　「10条通報」は、「事故の始まり」です。
　東電本店では地震発生直後、原発関連の職員を中心に、本店2階の緊急

対策室に集まりました。そして、制御棒が挿入されて原子炉が「スクラム」（緊急停止）したことで、一瞬安堵の雰囲気が流れたそうです。

しかし「全交流電源喪失」（ブラックアウト）の一報を聞いて、緊急対策室は一瞬シーンとしたそうです。そのあと東電本店は大騒ぎとなり、「8時間、8時間！　8時間後は午後11時！」などと叫ぶ声が聞こえたそうです。

原発では交流電源がなくなっても、直流の蓄電池が8時間程度作動します。8時間以内に電源を確保できなければメルトダウンに至るというのは関係者の間では常識でした。ただちに電源車の手配などが行われました。

16時45分、今度は原子炉の水位が確認できなくなり、注水の状況が不明となったため、原災法15条の「特定事象」（非常用炉心冷却装置注水不能）が発生したと判断され、吉田所長名で同じく経済産業大臣、福島県知事、大熊町長、双葉町長に通報がなされました。

いわゆる15条通報の要件はほぼ以下の通りです。
- ◆原発敷地の境界で1時間あたり500マイクロシーベルトを観測すること
- ◆敷地内の管理区域以外の場所で1時間あたり500マイクロシーベルトを観測すること
- ◆原子炉がホウ素などを注入しても停止できないこと
- ◆原子炉を停止するすべての機能が喪失すること
- ◆非常用炉心冷却装置によって原子炉への注水ができなくなること
- ◆格納容器の圧力が設計上の最高圧力を超えること
- ◆残留熱除去機能が失われて格納容器の圧力を下げる機能が失われること
- ◆原子炉を冷却するすべての機能が失われること
- ◆直流電源の供給が5分以上停止すること
- ◆炉心溶融を示す兆候が現れること
- ◆燃料の露出を示す兆候が現れること
- ◆中央制御室の内外から炉心を停止したり残留熱の除去ができなくなった時

この時発せられた報告書には、1号機と2号機で16時36分に「非常用炉心冷却装置」に「注水が不能」になったことが、記されていました。

このあと、事態は急速に進展して他の「特定事象」が次々と発生して、矢

I　あの時、何が起きたのか

継ぎ早に10条通報と15条通報が発せられました。
　15条通報はまさに「緊急事態」です。
　官邸では地震発生直後の午後2時50分に伊藤哲郎内閣危機管理監が地震対応に関する官邸対策室を設置しており、地下2階にある危機管理センターに各省庁からスタッフが集まり始めました。
　原子力安全委員会はすでに10条通報が出されたあとの16時頃、緊急助言チームを立ち上げました。
　17時頃には武黒一東京電力フェローら東電幹部が官邸に呼ばれ、寺坂信昭原子力安全・保安院長らとともに、緊急参集チームとして菅首相に対して原子炉の状況などについて説明を行いました。東電の「フェロー」とはいわゆる技術最高幹部のOBです。
　一方、規制機関の原子力安全・保安院は17時47分から記者会見を開き、中村幸一郎審議官が次のように述べました。
　「事業者の方から15条通報が来ました。原子炉の水位が確認できないので事業者の判断として、念のために1号機と2号機について15条通報が出されたとのことです」
　記者との間で、次のようなやり取りが繰り広げられました。

記者　電源が確保できないとどうなるのか？
中村　水位がどんどん下がります。時間はかかりますが……。
記者　そうするとどうなりますか？
中村　炉心が露出します。
記者　そうなるとどうなりますか？
中村　炉心が損傷することになります。
記者　外部に放射能が出るのか？
中村　まだ格納容器があります。格納容器の機能が持つ限り、外には基本的に出ません。
記者　格納容器はどれくらい持つのか？
中村　圧力に耐えるように設計されているが、水が蒸発すると圧力が上がるので弱いところから漏れ出します。その時に燃料が損傷していると、

25

（放射性物質が）一緒に出ます。

そして事態はこの通りに進展しました。水位についても「確認できない」との発表から1時間後には「2号機、3号機は確認できている」とコロコロと変わり、電源車については、すでに福島第一原発サイトに到着していると発表するなど、情報は混乱を極めました。

原子力緊急事態宣言

政府が「原子力緊急事態」を宣言したのは、外部電源の喪失から3時間半、15条通報から2時間以上が経過した3月11日午後7時3分です。また、枝野幸雄官房長官が緊急事態の発令を発表したのは、午後7時45分の記者会見でした。

原子力災害対策特別措置法（原災法）によると、「原子力緊急事態」とは放射性物質が敷地外に放出された場合を指し、事業者はただちに主務大臣に通報し（15条通報）、主務大臣の報告を受けた総理大臣が「ただちに」原子力緊急事態宣言を行うことになっています。しかし、実際に「原子力緊急事態宣言」が公表されたのは、15条通報から3時間近くたってからでした。

原子力安全・保安院は午後8時過ぎの記者会見で、1号機2号機の水位が確認できないこと、電源車は到着していないことなどを「確認」しましたが、「注水できているかどうか」については、「できていない」との枝野長官の発表に対して、中村審議官は「注水は確認している」と述べるなど、政府の内部で情報が混乱している実態が浮き彫りになりました。

枝野長官は午後7時45分の記者会見で、「これから申し上げることは予防的措置でございますので、くれぐれも落ち着いて対応していただきたいというふうに思います」と前置きしたうえで、次のように述べました（下線筆者）。

　　先ほど原子力安全対策本部を開催いたしまして、（中略）原子力緊急事態宣言が発せられました。現在のところ、放射性物質による施設の外部への影響は確認されておりません。したがって、区域内の居住者、滞在者は<u>現時点ではただちに行動を起こす必要はありません。あわてて避難を始めることなく</u>、それぞれ自宅や現在の居場所で待機し、防災行政無線、テレ

ビ、ラジオ等で最新の情報を得るようにお願いいたします。

しかし、その後の東電や保安院の事故解析などによると、1号機はこの時すでに炉心燃料が露出し、燃料の損傷が始まっていたのです。独立行政法人・原子力安全基盤機構（JNES）の解析によると、16時40分頃には燃料が露出し始め、18時頃には「燃料の損傷」が始まっています。

燃料が「損傷」すると、燃料被覆管に閉じ込められていた核分裂生成物、いわゆる「死の灰」が圧力容器に充満します。

高温・高圧の中、気体の核分裂生成物は圧力容器から格納容器へ漏えいが進み、最後は原子炉建屋に出てきます。このうち、ラドン、キセノン、クリプトンといったいわゆる放射性の希ガスは、圧力抑制室の水や非常用ガス処理系などで取り除かれることもなく、スルスルと漏えいしてきます。

1号機の運転員がホワイトボードに書き込んだメモによると、17時50分にはすでに、原子炉建屋の放射線量が上がり始めていました。

当時官邸の危機管理センターに詰めていた政府高官のひとりは、「東電も保安院も全く危機感がなく、他人事だった。怒りを覚えた」と話しています。

原発を規制する国の機関である原子力安全・保安院にも緊急時対応センター（ERC）が立ち上がりましたが、3月11日午後5時ごろ、ERCに駆け付けたあるスタッフも同様に、「まったく緊張感はなかった」と語っています。

当時の菅首相については、「怒鳴り散らしてばかりいる」「自分のことしか考えてない」「細かいことに口出ししすぎる」などと、官僚側からは「イラ菅」などと呼ばれて痛烈に批判されていますが、少なくとも原発事故の深刻さを認識していました。菅首相は日本テレビのインタビューで次のように語っています。

3月11日に最初に私のところに来たのは、全電源喪失という10条事態ということです。それから冷却機能が喪失したという15条事態ということ、これが津波から時間がたたないうちに来たわけで、このことがどういうことを意味しているかということが、私にとって大変なことが起きたというスタートだったのです。次に何をすればいいかということで、まず

東電が、「緊急冷却装置が動かず、電源車が必要」と言うんで、いかにして電源車を早く現場に届けるかと、その応援に自衛隊のヘリで運ぼうかアメリカ軍に頼もうか、遅れてはいけない、そういう状況だったわけです。

　原発事故の報を聞いて菅首相がまずやったことは、自宅に電話をして、自分の出身校である東京工業大学の卒業名簿を取り寄せたことだったと言われています。事実、政府参与という形でのちに東京工業大学の有富正憲教授らが官邸入りしていますが、当時官邸にいたある高官は、「菅首相は官僚出身の自分の秘書官ですら信用せず、5階の執務室から地下2階の危機管理センターに駆け込んでくるのは、いつも東工大出身の専門家だった」と語っています。
　また別のある官僚は「そもそも政府参与は当事者意識もなく、無責任に勝手なことばかり言う」と、嫌悪感をあらわにしています。政府参与は菅首相の「家庭教師」と揶揄されました。
　一方、政府事故調の中間報告書によりますと、官邸の中では首相の執務室のある5階と、地下2階にある危機管理センターが分断され、危機管理センターの情報が首相の意思決定に生かされなかった実態などが明らかになりました。
　とくに東電から来ていた武黒フェローは、ほとんど情報を持っておらず、菅首相からの質問のたびに、携帯電話で東電本店や吉田所長に電話をかけて、情報収集を行わざるを得ませんでした。
　少ない情報をもとに官邸5階では避難区域の設定などのほか、海水注入など作業手順などについて意思決定を行い、吉田所長に助言を行いましたが、それらの助言と同じことをすでに現場では行っていることがほとんどで、現場での意思決定に影響を与えることはありませんでした。
　菅政権は、その後の事故対応でも司令塔としての機能を果たすことができませんでした。プラントの対応は当事者と規制機関に任せ、官邸は防災に全力を尽くすのが望ましい姿だったのですが、実態は逆でした。その原因は菅首相にあるというより、東電が必要な情報を政府にさえ開示しなかったこと、そして規制機関である保安院や原子力安全委員会が規制機関としての機能を

発揮する意志も能力も持ち合わせていなかったことに尽きると思います。
　政府事故調の中間報告は、次のように述べています。事業者である東電と規制機関である保安院の関係を見事に表しています（下線筆者）。

　　保安院の東京電力に対する指示・要請は、そのほとんどが「正確な情報を早く上げてほしい。」というものであり、時折、監督官庁として具体的措置に関する指導・助言をおこなうものの、時宜を得た情報収集がなされなかったために、その指導・助言も時期に遅れ、又は福島第一原発のプラントやその周辺の状況を踏まえないものであることが少なくなかった。あるいは、保安院の指示は、既に実施し、又は実施しようとしている措置に関するものが多かったため、<u>現場における具体的な措置やその意思決定に影響を与えることはほとんどなかった。</u>

　要するに規制機関である保安院は、存在価値がなかったということです。この保安院がそのまま環境省に新設された「原子力規制庁」に移行したわけですから、今後の原子力規制に暗澹たる思いを抱くのは私だけではないと思います。
　また官邸５階での協議の結果を武黒フェローらが「最善の作業手順」として、東電本店や吉田所長に助言したこともありましたが、これについても「現場における具体的措置に関する決定に影響を及ぼすことは<u>少なかった</u>」（下線筆者）と述べています。
　「少なかった」ということは、多少はあったということですが、具体例として報告書は海水注入問題などを挙げています。
　官邸に詰めていたある危機管理の専門家は、こうした状況について、「これは『危機管理』の問題ではありません。『管理』の『危機』です」と語っています。東電からの情報はなく、原子力安全・保安院や原子力安全委員会は規制機関としての機能を果たさず、政府の意思決定が携帯電話の情報に頼る「危機管理」は、危険でさえありました。

不信の連鎖

　官邸の主である菅首相をはじめ、政治家は東電本店や保安院、原子力安全委員会を信用しませんでした。一方の東電幹部と官僚組織は菅首相らへの嫌悪をあらわにし、「不信の連鎖」が拡大していきました。

　当時危機管理センターにいたある高官は菅首相について「殴ってやりたいほど自分のことしか考えていなかった」と酷評しています。

　一方、菅首相や枝野官房長官は、保安院や原子力安全委員会への不信を強めていきます。

　不信がピークに達したのは、1号機の水素爆発でした。12日早朝、菅首相は安全委の斑目春樹委員長らと福島の現場を視察しました。その際、菅首相が斑目委員長に、水素爆発の可能性を問うたところ、斑目委員長は「大丈夫です。起きない。格納容器には（不燃性の）窒素が入っていますから」と回答しました。しかしその8時間後には1号機が爆発し、斑目委員長は頭を抱えるばかりでした。

　この時の様子について、菅首相本人は次のように語っています。

　　起きるはずがないと専門家が言っていたことが、現実には起きるわけだから、そうすると把握ができていないっていうことだから。私にとってはそれが一番問題だ。もちろん爆発自体も大問題だが、理由もわからない、今後の展開もわからないという状況が一番怖いわけ。

　当事者である東電、規制機関である保安院や安全委、それに官僚組織と官邸が、互いに不信感を増幅させていきました。官邸の危機管理はどのように混乱の度合いを深めていったのでしょうか。

　3月11日午後9時23分、政府は3キロ圏の「避難指示」と3〜10キロ圏の「屋内退避」を指示しました。これより先、福島県は午後8時50分、独自に2キロ圏の避難指示を出しました。福島県の避難指示に驚いて、政府が後追いしたととられても仕方ありません。

原子力防災の専門家である元四国電力の松野元氏は「福島県が避難指示を出さなければ政府も出さなかったのではないか……」とさえ語っています。

枝野官房長官による「避難指示」の記者会見は午後9時50分から行われました。枝野長官は「全体を聞いていただいて、落ち着いて対応していただきたいと思います」と前置きしたうえで、次のように述べました。

　福島原発の件で、先ほど21時23分、原子力災害対策特別措置法の規定に基づきまして、福島県地域、大熊町、双葉町に対し、住民の避難を指示いたしました。福島の原子力発電所の件で、3キロ以内の皆さんに避難の指示、3キロから10キロの皆さんは、屋内において退避をしていただきたい。これは念のための指示です。
　放射能は現在、炉の外には漏れておりません。今の時点では環境に危険は発生していません。
　原子炉のうち一つが冷却できない状況に入っていますので、念のため避難をしていただきたいということです。

枝野長官はくどいほど「念のため」という言葉を強調しました。しかしわずか2時間前には、「あわてて避難をするな」と言っていたことを、なぜ変更したのか、理由を説明することはありませんでした。本来ならば、「先ほどの記者会見ではあわてて避難する必要はないといったが、原発の状況が悪化したので、速やかに避難してください」と説明すべきでした。

ほぼ同時に行われた保安院の記者会見で中村審議官は、まず2号機について、「隔離時冷却系（RCIC）のバッテリーが切れ、注水が停止している」と説明（「隔離時冷却系」については、第Ⅱ章124ページで詳述）、2号機が危険な状態であるとの認識を示しました。一方、1号機について、「アイソレーションコンデンサ（非常用復水器、通称「イソコン」）が動いている。水位は確認されたので問題ない」と述べると同時に、3号機についても、「水位の確認はまだだが、隔離時冷却系（RCIC）は動いている」と述べています。

その後の保安院の解析などによると、実際は1号機ですでに炉心の損傷が進行しており、現場では21時51分に、原子炉建屋への立ち入りが禁止

されるほど、放射線量が上がっていました。

　50台近い電源車が福島第一原発を目指していましたが、地震による道路の陥没などで、最初の電源車が到着したのは午後9時30分頃です。自衛隊の電源車です。しかし、接続プラグの形式が合わず、電源盤につなぎこむことができませんでした。その後も何台か電源車は到着しましたが、ケーブルが足りなかったり、接続プラグが合わず、電源盤につなぐことができませんでした。普段から準備が行われていなかったのです。

　保安院では断続的に記者会見が開かれました。午後11時18分の記者会見では2号機について、水位が燃料の頂部から3メートル40センチあること（通常は5メートル30センチ）、電源車1台が到着して2号機の電源盤に接続しようとしていることなどが伝えられました。

　「少し安全サイドに動きつつあるのか」との記者の質問に対し、保安院の担当者は、「隔離時冷却系（RCIC）は復旧していない。注水機能は復旧していない。水位が安定しているので、ただちに大変なことになるということではないと確認されているが、必ずしも回復している状況ではない」と苦しい説明をしています。

　一方官邸では、東電からの情報が上がらず、菅首相、枝野官房長官をはじめ焦燥感を募らせていました。午後9時ごろ官邸に到着した班目原子力安全委員長はハンドブックもないまま、菅首相から矢継ぎ早に質問を受けました。班目委員長は格納容器の圧力を下げるために「ベント」（68ページに詳述）を進言、これに異論を唱える者はなく、「ベント必要論」は共通の認識となりました。

　午後9時23分に政府が3キロ圏の避難指示を出したのも「ベント実施」の準備でした。

　一方、保安院は午後10時頃、原子力安全基盤機構（JNES）が作成した解析結果を受け取りましたが、そこには「12日午前3時ごろには2号機で燃料の溶融が起きる」と書かれていました。この情報は官邸にも共有されました。

　午前0時過ぎに記者会見した枝野官房長官は、大熊町での3キロ避難が完了したこと、双葉町の住民は政府が差し向けた21台のバスで避難中であることなどを明らかにしました。

I　あの時、何が起きたのか

　ベントの早期実施の必要性は東電、保安院、官邸で共有されましたが、日付が変わった12日になっても実施されず、官邸は焦りを募らせていました。
　午前1時半ごろ、ようやく東電本店から保安院と経産省に「ベント実施」の申し入れが行われ、午前3時に記者会見で公表した後、実施することになりました。
　ところが事態が急転します。いままで2号機のベントが急務で、1号機はまだ水位が確保されていると誰もが思っていましたが、1号機格納容器の圧力上昇が明らかになったのです。午前2時過ぎに記者会見した保安院の中村審議官と記者の間で次のようなやり取りが繰り広げられました（下線筆者）。

中村　1号機についてですが、格納容器の圧力が上昇しています。設計値が400キロパスカル（約4気圧）ですが、可能性として600キロパスカル（約6気圧）程度まで上昇している可能性があると事業者から報告がありました。これが800キロパスカル（8気圧）になると事業者の手順書だと格納容器の弁を開放するという手順になっています。

記者　格納容器の弁を開けると水蒸気は外に出てしまうということですか？

中村　格納容器からフィルターを通して、いわゆる排気塔から出ていくということだと思います。

記者　どれくらいの放射能が出るのですか？

中村　通常だとそれほど多くはないが、いま炉の中の状況がわからないのでどれくらい出るかわかりません。

記者　人体に影響は？

中村　現時点では<u>風は海側に吹いている</u>ということで、影響はないのではないかと考えています。

記者　弁を開けないとどうなりますか？

中村　格納容器の圧力が上がりすぎますので、格納容器から漏えいが出ていきます。排気塔から出せば高いところから出るので拡散して影響は小さいのですが、どこかわからないところから出れば影響が大きくなることが考えられるので、<u>まだましな方法</u>ということになります。

記者　いままで煙突から排出したことはありますか？
中村　ベンティングするのは過去ありません。

ベントの発表はこの時点では行われていませんが、中村審議官はすでにベントを前提に「格納容器の破壊」よりは「まだましな方法」と判断していることがわかります。またすでに風向きにまで言及していることから、中村審議官がSPEEDI（後述）の情報を得ていたことをうかがわせます。

ベントをめぐる混乱

3月12日午前3時、ベントを告げる枝野官房長官の記者会見が始まりました。（下線筆者）

　原子炉格納容器の圧力が高まっている恐れがあることから、原子炉格納容器の健全性を確保するため、内部の圧力を放出する措置をとる必要があるとの判断に至ったとの報告を、東京電力より受けました。経済産業大臣と相談しましたが、安全を確保するうえでやむを得ない措置であると考えます。この作業に伴い、原子炉格納容器内の放射性物質が大気に放出される可能性がありますが、事前の評価ではその量は微量とみられており、吹いている風向きを考慮すると、現在とられている発電所から3キロ以内の避難、10キロ以内の屋内退避の措置により、住民の安全は十分確保されており、落ち着いて対処いただきたいと思います。

ほぼ同じ時刻に経済産業省でも記者会見が行われましたが、東電の小森明生常務の説明は、混乱に拍車をかけました。小森常務は地震と津波による被害について延々と述べたうえで、肝心のベントについては、どの原子炉のベントを行うかさえ、明確に答えられませんでした。1号機のベントを行うと思っていた記者は、混乱しました。

小森　まずは2号機について圧力の降下をするという風に考えています。
記者　えっ？　2号機ですか？

小森　２号機については夕方くらいから原子炉給水ポンプの稼働状況が見えない状況になっていました。計器についてどこまで信頼するかですけど、我々が今まで設計したベースでは、かなり疑ってかかった方がよいだろうということも含めて、まず２号機をやります。
記者　１号機は？
小森　１号機については状況の把握をしています。
記者　１号機の話をしていたのではないですか？
小森　まずは２号機です。
記者　圧力が上がったのは何号機ですか？
小森　圧力が上がったのは１号機ですが、１号機もまだ２倍にいっているわけではなく、注水機能がブラインドになっていた時間が長い２号機の方が、本当かとうたがっていくべきだと……。
記者　ではこのあとすぐやるのは２号機で、１号機は状況を見てやると……。
小森　はい、やる準備は１号機と３号機で……。

この時、２号機に関する別の情報が会見場に飛び込んできました。

職員　ただいま入った情報によると、現場でRCIC（隔離時冷却系）で水が入っていることがいま確認できました。

この報に報道陣は「ええっ！」と驚きました。続けて東電職員が、「これ、ちょっと皆さんに誤解を生んじゃうかもしれませんが、意外と２号機の数字もあっているかもしれないなんて、申し訳ありません」と、照れ笑いすると、報道陣からも笑いが起きました。

結局、何号機のベントが行われるのか不明なまま、混乱だけが深まりました。東電も保安院も官邸も、ベントが周辺住民にどれだけ大きな影響を与えるか、真剣に考えていたとは到底思えませんでした。

実際、午前０時過ぎの記者会見で枝野長官は、大熊町の避難は完了と述べていますが、事故調報告書を総合すると、かなりの住民が残っていたとみ

られます。

　国会事故調のアンケートによると、12日午前5時44分に、半径10キロ圏の避難指示が出ましたが、そのことを知っていた人は原発周辺の5町村でさえ、わずか20パーセントでした。

　官邸は午前5時44分、10キロ圏内に避難指示を出しました。また6時50分に原子炉等規制法に基づいて、海江田経産大臣が1号機と2号機の格納容器の圧力を抑制する（ベント）命令を出しました。
　原子炉等規制法64条は、「原子炉による災害を防止するため緊急の必要があると認めるときは」、文部科学大臣、経済産業大臣、国土交通大臣が、「原子炉による災害を防止するために必要な措置を講ずることを命ずることができる」と規定しています。これは命令ですので、東電は逆らうことができません。逆に政府はベントに責任を持たなければならないのです。
　そもそもベントとは何か、これについては改めて検証します（68ページ参照）。

　12日早朝、午前7時11分から8時4分の間、菅首相は福島第一原発のサイトを視察しました。午前6時過ぎ、ヘリコプターに乗り込む菅首相は次のように語りました（下線筆者）。

　　これから私はヘリコプターで被災地を見ると同時に、福島原子力発電所に出かけてまいります。現在、10キロ内の避難を命令したところであります。現地で東電の責任者ときちっと話をして、状況を把握したい。保安院のメンバー、原子力安全委員会の委員長も同行しますので、必要な判断は、場合によっては現地で行うことになるかもしれません。

　菅首相の現地視察は、状況が把握できないことへの焦りの結果でした。菅首相の現場視察には枝野長官らが「絶対に後から政治的に批判される」と反対しましたが、菅首相は「政治的に後から非難されるかどうかと、この局面でちゃんと原発を何とかコントロールできるのとどっちが大事だ」と答えて、

午前6時14分に自衛隊ヘリコプターに乗り込みました(民間事故調報告書)。
　菅首相はこの時の決断について、日本テレビのインタビューに次のように語っています。

　　ベントについては格納容器の圧力が上がったからやるべきだと。これは現場を含めて私の目の前にいた東電から来ていた人も、保安院から来ていた人も、原子力安全委員会もみんな一致していたわけです。「じゃあやってください」と言ったが、結果としてなかなか進まない。その理由が東電から来ている武黒というフェローに聞いてもわからない。結局伝言ゲームじゃないかと。だから私が現場のきちんとした人とコミュニケーションをとらなければ、事実関係を伝えきれないとすれば、必要だということだった。

　現場では吉田所長と武藤副社長が出迎えましたが、武藤副社長は黙ったままで、ほとんど吉田所長が対応しました。吉田所長は図面を広げ、ベントについて「やります。決死隊をつくってやります」と明言、菅首相と吉田所長が携帯電話の番号を交換して、ようやく直接連絡を取り合う関係ができたのです。
　菅首相はマイクロバスで敷地内を視察した際、隣に座った武藤副社長に、「住民のことを第一に考えて、しっかりと早め早めの対応をお願いしたい」と強く求めたと言われています。
　当時官邸に詰めていた危機管理担当者は、「首相が意思決定をするための条件を整え、情報を選択して上げるのが、危機管理センターの役割だったが、それが全くできていなかった」と語っています。
　日本の官邸には、トップが意思決定をするための人材も環境も整っていないのが現状です。原発事故だけでなく、北朝鮮のミサイル発射を見ても、官邸が不測の事態に対応できないのは、トップの意思決定のシステムが日本には存在しないからです。
　まさに「管理の危機」です。

官邸、1号機水素爆発を把握できず

　3月12日午後3時36分の1号機水素爆発から、午後8時41分に枝野官房長官が「格納容器は健全」と発表するまで、およそ5時間の間、1号機で何が起きたのか、公式な発表はありませんでした。「空白の5時間」です。
　官邸の意思決定は、プラントでの具体的措置に影響を与えることはなかったものの、原子力防災の観点からみると、5時間という長さは致命的です。これでは避難や退避の指示を適切に出すことはできません。
　後の章で述べますが、原発での過酷事故の進展は極めて早いことがわかっています。今回のような全交流電源喪失から冷却機能の喪失に至る事故シーケンス（事故進行のプロセス）だけでなく、いわゆるチェルノブイリ型の「反応度事故」（93ページ参照）も、秒・分単位で進行します。
　事態の把握に5時間かかるようでは、原子力防災は成り立たないといっても言い過ぎではありません。
　ではなぜ官邸は事態を把握できなかったのでしょうか？
　午後3時36分の1号機水素爆発の模様は、4分後の午後3時40分にまず福島県内で福島中央テレビが伝えました。しかし全国放送では流れなかったため、直接官邸には届きませんでした。
　一方、福島県警では住民の避難にあたっていた双葉警察署の警察官が爆発を目撃、「空から白い綿のようなものが降ってくる」と、県警本部に至急連絡をしてきました。
　5分後の3時41分、神奈川県警から派遣されていたヘリコプター「はまかぜ」も爆発を目撃、福島第一原発から「爆発音と灰色の煙が200メートルまで上がっている」と報告しました。
　一方、福島県警のヘリコプター「あづま」も10分後には「建屋の上部がなくなっており、内部が見えている」と報告しています。
　県警本部は再度現場の警察官に状況を確認してから、警察庁に速報、官邸を通じて情報の確認を要請しましたが、官邸では「把握していない」との答えでした。現場の警察官は「写メール」で爆発の様子を県警本部に送り、警察庁経由で官邸にも届いていたはずでした。しかし官邸は経産省や東電から

報告がなく、爆発の事実を把握することができませんでした。

やむなく県警は独自の判断で、記者クラブ加盟のメディアに対して、住民に避難するよう求める広報を依頼、テレビでは、「県警察からの指示　福島第一原発周辺住民はすぐに避難」というテロップが流れました。

危機管理センターが情報に対して極めて鈍感なことがわかります。原発爆発の一報は、間違いなく伝えられていましたが、誰もその重大さに気づかずに、放置されたのです。県警レベルの情報は信頼できないという、驕りもあったかもしれません。

情報は確実でないからこそ、情報としての価値があるのです。確実になってから動くのでは、先手を打つことはできません。ましてや原子力防災は成り立ちません。

官邸が事態の重大さを認識したのは、日本テレビが午後4時50分に爆発の映像を放送してからです。官邸の執務室で映像を見た菅首相、福山哲郎官房副長官、それに寺田学首相補佐官の3人は、となりの首相応接室に入り、控えていた海江田経産大臣、斑目安全委員長、武黒東電フェローに、「何の爆発なんだ」と問いかけましたが、誰ひとり知識も情報も持ち合わせていませんでした。水素爆発からすでに1時間半がたっていました。

午後5時45分、枝野官房長官は何の情報も持たないまま、記者会見に臨みました（下線筆者）。

　　すでに報道されている通り、福島第一原発において、原子炉そのものであるということは、今のところ確認されていませんが、<u>何らかの爆発的事象</u>があったということが報告されています。総理、経産大臣を含め、専門家を交えて、状況の把握と分析、対応に全力であたっています。（中略）
　　状況に応じて、その時点で想定される最悪のケースに備えて、10キロのお願いをしております。（中略）
　　常に<u>最悪のケース</u>に備えて、住民の皆さんの健康安全のために、万全の策をとることで対処してきました。その中で想定される最もリスクの高い状況に備えて、退避等の指示を出してきたわけであります。この事象（水素爆発）によって新たな問題やリスクを検討すべきかどうか、ということ

も含めて検討しています。

　1号機爆発の映像を「確認」しても、「何らかの爆発的事象」という神経がわかりません。なぜ正直に「1号機で爆発が起きました」と言えないのでしょうか？
　また枝野長官は何度も「最悪のケース」という言葉を使いましたが、「最悪のケース」が何を意味するかについては、一度も述べませんでした。「最悪のケース」とは何か、はっきりと示すべきでした。
　さらには何度も「しっかりと」「万全を期して」と強調しましたが、実際には格納容器が健全かどうかについて、情報はありませんでした。言葉だけで住民の命は守れません。
　枝野長官はこの時の記者会見が最もつらかったと、のちに述懐しています。
　結局、官邸が格納容器の健全性を確認して、枝野長官が記者会見を行ったのは午後8時40分のことです（下線筆者）。

　　本日15時36分の爆発について、東京電力からの報告を踏まえ、ご説明申し上げます。原子力施設は鋼鉄製の格納容器に覆われております。そしてその外がさらにコンクリートと鉄筋の建屋で覆われております。このたびの爆発は、この建屋の壁が崩壊したものであり、中の格納容器が爆発したものではないことが確認されました。爆発の理由は、炉心にあります水が少なくなったことによって発生した水蒸気が、格納容器の外側の建屋との間の空間に出まして、その過程で水素になっておりまして、その水素が酸素と合わさりまして、爆発が生じました。ちなみに、格納容器内には酸素がありませんので、水素等があっても爆発することはありません。実際に東京電力からは、格納容器が破損していないことが確認されたと報告を受けております。（中略）したがって<u>放射性物質が大量に漏れ出すものではありません。</u>

　放射性物質はすでに直前のベントによって、大量に放出されていました。付近の線量率は1時間当たり1000マイクロシーベルトを超えていました

I　あの時、何が起きたのか

(編集部注＝1Sv〈シーベルト〉＝1,000mSv〈ミリシーベルト〉＝1,000,000μSv〈マイクロシーベルト〉)。1時間で1年間の許容線量を浴びるレベルです。

福島中央テレビの映像にはっきりととらえられていますが、放射能の雲（ブルーム）は、水蒸気を含んで空気より重たいことから、地を這うように流れていきました。枝野長官はモニタリングレベルについて、「低いレベルにとどまっております」と述べましたが、1時間あたり1000マイクロシーベルトという線量率は決して低いレベルどころではありませんでした。

周辺にはまだ避難していない住民が残っていました。原子炉の内部に閉じ込められていた放射性物質は、高温・高圧で吹き出してきます。放射性のヨウ素やセシウムだけでなく、希ガスが大量に吹き出しました。作業員や周辺住民に放射線による急性障害が出なかったのは、まさに奇跡と言わなければなりません。

海水注入をめぐる吉田所長の一芝居

現場と官邸、それに東電本店の相互不信は海水注入問題でますます拡大しました。電源の喪失やポンプの水没で注水機能を失っていた1号機に、消防車のタンクから水が注入されたのは、地震発生から13時間あまりがたった3月12日午前4時頃のことです。

消防車のタンクにはわずか1.3㎥の水しかありませんでした。雀の涙ほどの微量の水ですが、ともかくも注水に成功しました。その後5時46分には防火水槽の水を注入するラインが稼働しましたが、防火水槽にもわずか80㎥の水しかありませんでした。まさに「焼け石に水」、小便で火事を消そうとするようなものでした。

吉田所長は12日12時頃、いずれ淡水が枯渇することを見越して、海水注入の準備を指示しました。14時54分には所長が海水注入の実施を指示、15時30分にはラインが完成しましたが、15時36分に1号機は水素爆発を起こし、海水の注入はいったんとん挫します。結局海水の注入が開始されたのは12日午後7時4分でした。

一方、官邸では海水注入をめぐって、またもや混乱が起きていました。東電本店の武黒フェローや武藤副社長、海江田経産相、斑目安全委員長らは、

海水注入の重要性は認識していましたが、菅首相の一言から事態は混乱しました。

海江田経産相は午後5時55分に法律に基づいた海水注入の指示を出しました。しかし午後6時頃、海水注入の方針を伝えた海江田経産相に対して菅首相は、「わかっているのか、塩が入ってるんだぞ。その影響を考えたのか？」と問い詰めたのです。さらに菅首相が再臨界（編集部注＝「臨界」とは核分裂が自発的に継続する状態。「再臨界」とは燃料と水が特殊な配置を取り、予期せぬ臨界が起きること）の可能性について問いただしたところ、斑目安全委員長が、「再臨界の可能性はゼロではない」と答えたことから、菅首相は、「じゃあ、大変じゃないか」ということになりました。

武黒フェローが「ホースの損傷で海水注入の準備には1時間半はかかる」と述べたことから、午後7時半に議論を再開させることになりました。

「可能性はゼロではない」と答えた斑目委員長はその場にいた人たちに、「技術者としてはそういうしかなかった」と話したそうです（民間事故調報告書）。

会議の参加者は全員、早く海水を注入すべきとの考えで一致しており、菅首相を説得するためのリハーサルまで行われたそうです（政府事故調中間報告）。

会議は7時40分に再開されましたが、久木田豊安全委員長代理が菅首相に、「再臨界の可能性は極めて低いが、海水注入の必要性は極めて高い」と説得、菅首相も納得しました。

一方、武黒フェローは会議再開の前に、吉田所長に直接電話をして、「首相の了解がとれていないので、海水注入を待ってほしい」と要請しました。

しかし注水は7時4分に始まっていました。吉田所長は本店の武藤副社長らに連絡しましたが、武藤副社長らも「一時中断やむなし」という意見だったそうです。原発のプロとは思えない判断です。

吉田所長はやむなく、注水作業の担当者を呼んで、一芝居打つことを決めました。「これから海水注水中断を指示するが、絶対に注水をやめるな」と指示しました。そのうえで、東電本店にも聞こえる声で、海水注入の中断を指示したのです。もちろん実際には吉田所長の筋書き通り、海水の注入は中

断しませんでした。

　もし中断していれば、さらに炉心の溶融は深刻化した可能性があります。東電本店は指示に従わなかった吉田所長の処分さえ検討したそうですが、全く筋違いで、処分されなければならないのは、判断を誤った武藤副社長ら本店の幹部です。

　2012年5月28日、国会事故調に呼ばれた菅首相は、「淡水を海水に変えたから再臨界が起きるということではありません。それは私もよくわかっておりました」と語っています。

　また「官邸の意向」という表現について、「総理の意向」と「当時官邸にいた東電幹部の意向」は全く異なると述べています。

　海水注入問題は、武黒フェローが菅首相の意向を先回りして、「官邸の意向」として現場に伝えたのではないかと私は考えています。

　いずれにしても吉田所長にこれほど悲しくむなしい田舎芝居を打たせるほど、現場と東電本店、それに官邸の信頼関係は崩れていました。

　では海水の注入は原子炉の運転にどのような影響を与えるのでしょうか？

　海水には塩分が3.5％程度含まれています。つまり海水1トンにつき、35キロの塩分が含まれています。海水を大量に注入して、崩壊熱によって水分が飛ばされると、やがて塩が析出してきます。析出した塩が配管やバルブに詰まる可能性が考えられます。初動で海水を注入することはあっても、短期間で淡水に切り替えることが前提です。

　3月21日に原子力安全基盤機構（JNES）が保安院に送ったレポートによると、2号機圧力容器内の塩分量は141トンで、飽和塩分量965トンまでにはまだ余裕がありましたが、塩分濃度が上がりつつあったことは間違いありません。

　塩分の存在はまた、中・長期的に配管などを腐食させることも考えられます。ただし、海水が淡水より「再臨界」を起こしやすいとは言えないようです。

　いずれにしても、非常の時に淡水が使える形で十分準備されていなかったのは設計上の問題です。濾過水タンクや復水貯蔵タンクには大量の淡水がありましたが、電源の喪失やディーゼルポンプの不調で使えませんでした。

　事故後、私は東北電力女川(おながわ)原発の訓練の模様を取材に行きましたが、防火

水槽の水量はやはり60トン程度でした。ヒートシンク（熱の捨て場所）を海水に頼ってきた日本の原発の盲点の一つでした。

海水に関しては安全上の問題だけでなく、いったん海水を入れると、原子炉を二度と使えないことから、東電の経営幹部は反対でした。政府事故調中間報告書によると、3月13日未明、3号機への注水をめぐって、現場で準備が進められていたところ、官邸から吉田所長に、海水注入に反対する意見が届きました。

「海水を入れるともう廃炉につながる」
「発電所に使える淡水があるなら、それを使えばいいのではないか」
「発電所内の防火水槽や濾過水タンク、純粋タンクなどにまだ残っていないのだろうか」

また東電が公開したビデオでも、海水に切り替える際に「いきなり海水っていうのはそのまま材料が腐っちゃったりしてもったいないので、なるべく真水を待つという選択肢もあると理解していいでしょうか？」という東電幹部の声が録音されています。東電はこの幹部の名前を明らかにしていませんが、守るべきものは命なのか、それとも原子炉なのか、原子力ムラの住人の驚くべき感覚が、如実に表れています。

吉田所長は「今から真水というのはないんです。時間が遅れます」と反論したものの、結局それまでに構築していた注水ラインを変更せざるを得ませんでした。しかし、淡水はたちまち底を尽き、結局3号機も海水に切り替えざるを得なくなったのです。

それでもビデオには、「いかにも<u>もったいないな</u>という感じがするんだけどもね」（下線筆者）という苦笑交じりの会話が録画されていました。原子力ムラの人々にとっては、人命より原子炉の方が大切なのです。

ところで当の斑目委員長は菅首相を説得する会議には参加せず、さっさと内閣府の自分の部屋に戻ってしまいました。寺坂信昭保安院長にいたっては、前日の3月11日午後7時すぎの原子力災害対策本部の会合の後、平岡英治次長に丸投げして保安院に戻っていました。

重要な意思決定の場になると、皆、逃げるのです。責任から逃れるために……。

官邸の空回り

3月14日午前11時、今度は3号機が水素爆発を起こしましたが、その時枝野官房長官はちょうど記者会見の真っ最中でした。官房長官の記者会見は通常、午前11時から始まります。

> **記者** 3号機で爆発があったという情報が入りましたが……。
> **枝野** 私がこの会見場に来る直前で、3号機の状況について、あらためて報告を求めてきました。
> （ここでメモが入る）
> **枝野** ただ今メモが入りましたが、11時5分現在、3号機から煙が出ている可能性があり、爆発が起こった、あるいは爆発の恐れがあるのではないかということで、事実関係を確認中です。

枝野長官は記者会見を打ち切り、11時40分に改めて会見に臨みました（下線筆者）。

　東京電力福島第一原子力発電所3号機については、昨日来、断続的に海水を炉心に注入してきたところでございます。その3号機において、先ほど11時01分、爆発が発生いたしました。爆発の状況からみて、1号機で発生をした水素爆発と同種のものと推定されています。現地の所長と直接、連絡を取りまして確認いたしましたが、現地の所長の認識としては、格納容器は健全であるという認識を、一番直近のところで専門家として担当している現地の所長は、本日11時30分頃報告をいたしております。従いまして、放射性物質が大量に飛び散っている可能性は低いと認識しております。ただ、1号炉で同種の水素爆発が生じました時と同様の放射能レベルの上昇というものは、推測されるところでございますので、現在20キロ圏内からの退避の途上であったごく少数の皆さんに、ただちに建物の中に、念のため退避するよう指示を下したところでございます。
　3号機の水素爆発は、いわば予想された出来事でした。同じような原子炉

が、同じように電源を喪失し、冷却機能を失えば、同じことが起きるのは、自然の摂理です。第Ⅲ章で述べますが、2号機の建屋で水素爆発が起きなかったのは、偶然のなせる業でした。

敷衍すれば、日本の50基の原発だけでなく、世界の570基あまりの原発はすべて、電源と冷却機能を失えば、炉心溶融、そして爆発の可能性が生じます。原子炉の中には大量の核分裂生成物（死の灰）が溜め込まれており、爆発によって「大量に飛び散る可能性」があります。これが原発のリスクの本質なのです。そのリスクを社会が受け入れるかどうか、まさに私たちが問われています。

なお、日本には2011年3月11日時点で、54基の原発がありましたが、2012年4月19日、事故を起こした1号機〜4号機までが、「電気事業法」上廃止となりました。現在、日本にある原発は50基となりました。

枝野長官は炉心溶融の可能性について言及した保安院の中村審議官の発言に強い不快感を示し、「まず官邸に知らせないとは何たることだ」と怒鳴ったと伝えられています。それ以降、東電、保安院は「まず官邸に報告」というルールを徹底させたとのことです。これが情報公開を遅らせたとの批判がある一方、情報発信の一元化は必要との意見もあります。

ある大臣秘書官は、「とにかく枝野官房長官に情報を上げて、優先順位をつけて発表した。枝野長官は入ってくる情報を整理し、自分の頭でまとめて発表に臨んだ」と評価しています。

また別の官邸スタッフは、「枝野長官は徹底した情報公開を指示していた」と証言しています。

民間事故調の報告書は、「政府のトップが原子力災害の現場対応に介入することのリスクについては、今回の福島原発事故の重い教訓として共有されるべきである」と、官邸、とくに菅首相を強く批判しています。しかし、問題は官邸の「介入」にあるのではなく、「原子力災害の現場対応」ができない事業者と、それを指導できない規制機関としての保安院、安全委の無能さにあるのではないでしょうか？

その後、中村審議官は事実上更迭されました。正しいことを言うと排除されるのが、原子力ムラの掟です。

I　あの時、何が起きたのか

撤退か退避か……？

　その後も当事者の東電、官僚、そして官邸の不信の連鎖は、広がりこそすれ、解消に向かうことはありませんでした。「撤退」か「退避」かをめぐって、言った、言わないの議論が、現在でも繰り広げられています。
　東電の武藤副社長は、2012年3月に行われた国会事故調のヒアリングで、「撤退を申し入れたことは断じてありません」と語りました。勝俣恒久会長も同様の証言をしています。
　また平岡英治保安院次長は東京新聞とのインタビューで、「小森さん（小森明生東電常務）に電話すると、『事態は緊迫していて、これ以上悪化するようなら、必要な人を残し退避させることも考えている』と。官邸がなぜ『全員撤退』と受け取ったかわからない」と東電の主張を支持しています。
　一方の菅首相をはじめ、枝野官房長官らは、「全面撤退と受け取った」と主張しています。
　ことの顛末は次の通りです。
　3月14日夜、3号機爆発のあと、今度は2号機が空炊きとなりました。東電の清水正孝社長は海江田経産相に電話をかけ、2号機爆発の可能性が高まったために、職員を福島第二原発に退避させたいと打診しました。海江田経産相は原発が制御できなくなることを恐れて、拒否しましたが、清水社長は枝野官房長官にも電話して、同じ打診を行いました。
　これを受けて細野補佐官が電話で吉田所長に問い合わせたところ、吉田所長は、「まだまだやれます」と答えたとのことです。
　枝野長官らは人命にかかわる決定であることから、午前3時過ぎに寝ている菅首相を起こし、退避の打診について報告したところ、菅首相は「そんなことはあり得ない」と強い口調で拒否しました。
　菅首相は日本テレビのインタビューで次のように語っています。
　　　　　　　　　＊　　　　　　　＊
　3月15日の午前3時ごろ、海江田大臣が「ちょっと相談したい」と言ってきた。話を聞いたら、「東電が撤退したいと言ってきている。どうしましょうか？」という相談だった。私の頭の中には、「撤退」という言葉はな

かったわけ。確かに作業をしている人たちは大変でしょう。しかし、「撤退」というのは（ありえない）。普通の火事なら燃え盛って手が付けられなければ撤退して、燃え尽きるのを待つこともできるが、福島第一の場合に燃え尽きるまで待つというのは、1万年待つわけではないだろうから、少なくとも撤退して放置したら5号機、6号機まで含めてすべての原発が同じことになっていく。すべての使用済燃料プールが最終的に水が抜けたら、同じことになっていく。そうしたらチェルノブイリどころじゃなくて、膨大な量の放射性物質が出て行って、まさに日本そのものが広範囲に人が住めないところになっていく。

　そういうことを考えると、確かに作業をしている皆さんは大変だけれども、ここは頑張ってもらうしかないという認識はもともと持っていた。それで海江田大臣から東電の社長がそういうことを言ってきたから、「そんなことはあり得ない」、「東電の社長を呼んでくれ」と。清水さん（社長）がやってきて、私が聞いたらはっきりしたことを言わないわけ。「いやぜひ撤退させてくれ」とか、「いやいやそんなことは言っていません」とか、はっきりしたことを言わない。だから「これは危ない」と思ったのです。私の方で「じゃあとにかく彼らが判断する、我々に言ってくる、という関係ではなくて、東電と政府で統合対策本部を作りましょう」と言ったら、「了解です。わかりました」ということになった。

　朝5時ごろに第一回目を東電本店でやりたいと言って行ったわけ。行ってみたら200人くらいがずっと待ってたので皆さんの前で言ったわけ。

　「とにかく皆さん頑張ってくれているけれども、大変なんだ。撤退なんてありえない」と。「撤退なんかしたら東電なんてそのまま持つと思ったら大間違いだ」と。私ももう60超えたから平気で言えたんだけれども、「60超えた連中はもういいじゃないか」と。「少し危なくたって行けば」という話をして、「とにかく頑張ってくれ、撤退なんてありえないんだ」ということをそこで言ったのです。

　　　　　　　　＊　　　　　　　　＊

　その後「撤退」と言ったか言わないかといった矮小化された議論が行われましたが、当時の状況で菅首相を含めて「全面撤退」と受け止めたことは、

理由なきことではありません。

　おそらく言葉としては「退避」が使われたのでしょう。海江田経産大臣も新聞のインタビューで、「退避という言葉だったと思う」と述べていますし、当時官邸の危機管理センターにいたスタッフも、「退避と聞いた」と述べています。

　しかし、1号機から3号機のすべての原子炉が全交流電源を喪失して、冷却も注水もできない状態で、当事者である東電が「退避」という言葉を使えば、「全面撤退」と受け取られても仕方がない状況でした。

　2012年5月29日に国会事故調で参考人として証言した菅首相は次のように述べています。

> 　私から清水社長に対して、撤退はありませんよということを申し上げました。清水社長は、はい、わかりました、そういう風に答えられました。（中略）この回答について、勝俣会長などが、清水社長が撤退しないと言ったんだということを言われていますが、少なくとも私の前で自らが言われたことではありません。私が撤退はありませんよと言った時に、はい、わかりましたと言われただけであります。

　撤退問題について、国会事故調報告書も政府事故調報告書も、現場が撤退を考えていた事実は認められないとしています。撤退すれば福島第一原発の6基の原子炉を放棄しなければならないことは、現場が一番よく知っていたはずです。

　一方、東電幹部の頭の中に、「全面撤退」がなかったかと言えば、これは検証不可能です。現に政府事故調報告書は、「清水社長や東京電力の一部関係者において全面撤退も考えていたのではないか、という疑問に関しては、そのように疑わせるものはあるものの、当委員会として、そのように断定することはできず、一部退避を考えていた可能性を否定できないとの結論に至った」と、なんとも歯切れの悪い結論となっています。

　現場では、官邸や東電本店でのこうしたやりとりとは無関係に、3月15

日早朝、およそ50人の要員を残して、650人が10キロほど離れた福島第二原発に「退避」しました。

　いずれにしても、この程度の意思疎通ができないほど、官邸と東電の不信の連鎖は深まっていました。

　「撤退騒動」を契機に、菅首相が東電に乗り込み、統合本部を作ったところから、ようやく意思疎通が少しずつ始まりました。統合本部の設置は自らのアイデアだったと、菅首相は国会事故調で述べています。

　それにしても、菅首相や枝野長官の頭の中にあった「最悪の事態」とか「最悪のケース」では、どんな状況が想定されたのでしょうか？　民間事故調の報告書の末尾に、近藤俊介原子力委員長が作成した「福島第一原子力発電所の不測事態シナリオの素描」というレポートが添付されています。このレポートが政府に提出されたのは地震から2週間後の3月25日です。

　初動で想定された「最悪の事態」とはどんなイメージだったのか、菅首相は日本テレビのインタビューで次のように語っています。

＊　　　　　　　＊

　まさに首都圏まで広がる危険性は、例えば4号機のプールに入っている燃料棒は、格納容器も圧力容器もないわけだから、裸なんだから、水が抜けてメルトダウンしたり、余震で散らばったらどの範囲まで行くのかわからない。

　その恐れは今でもゼロではない。補強工事とかやらせてるけど、炉の問題や燃料プールの問題を考えていくと、最悪の場合その範囲はどんどん広がっていくということですね。

　広がればその範囲には人は住めなくなる。一時的には逃げなきゃいけなくなる。日本という国の機能が本当に維持できるのか、少なくともできないよね。

　そうなったら中枢機能が移って機能するとは思えないから、そういう最悪のケースは検討してもらって、それを考えた時は背筋がぞっとしますね。人っ子一人いなくなる。

　3000万人が住んでいる首都圏が、人っ子一人いない状況は、国がまともな機能を果たし得なくなる危険性を感じましたね。

＊　　　　　　　＊

菅首相の表現には後付けの脚色もあるでしょう。しかし国民の生命・財産・健康・安全を守るべき首相としての認識は、決して間違っていたとは思えません。
　当時、私の同僚や友人から何度も質問を受けました。「東京は大丈夫か？」と。私には特別な情報はありませんでしたが、東京に被害が及ぶまでには、多少の時間はあるだろうと思っていました。
　官邸がやるべきことは、現場への指示ではなく、「最悪のシナリオ」を国民にはっきりと提示することだったと思っています。前述のとおり、枝野官房長官は幾度となく「最悪のケース」という言葉を使いました。また菅首相も首都圏への被害拡大を頭に描いていました。
　ならば「最悪のシナリオ」とは何なのか、政府として明示すべきでした。明示することで、人々は事態の深刻さを認識できたはずです。人々は根拠が示されないまま、避難指示を出されても、どうしていいかわからないのです。
　シナリオの明示なしに原子力防災は成り立ちません。シナリオを明示できないことこそが、「最悪のシナリオ」なのです。国民はそれほど無知ではありません。
　菅首相は国会事故調のヒアリングの最後に、原子力ムラを戦前の軍部になぞらえて、次のように述べています。

　　　　　　　＊　　　　　　　＊

　私は、冒頭もご質問に答えましたように、3月11日までは安全性を確認して原発を活用すると、そういう立場で総理として活動いたしました。しかし、この原発事故を体験する中で根本的に考えを改めました。その中でかつてソ連首相を務められたゴルバチョフ氏がその回顧録の中で、チェルノブイリ事故はわが国体制全体の病根を照らし出したと、こう述べておられます。私は今回の事故は同じことが言える、我が国全体のある意味で病根を照らし出したと、このように認識をしております。
　戦前、軍部が政治の実権を掌握していきました。そのプロセスに、東電と電事連（編集部注＝電気事業連合会の略称）を中心とするいわゆる原子力ムラと呼ばれるものが私には重なって見えてまいりました。つまり、東電と電事連を中心に、原子力行政の実権をこの四十年の間に次第に掌握をして、そし

て批判的な専門家や政治家、官僚はムラの掟によって村八分にされ、主流から外されてきたんだと思います。そしてそれを見ていた多くの関係者は、自己保身と事なかれ主義に陥ってそれを眺めていた。これは私自身の反省を込めて申し上げております。

現在、原子力ムラは、今回の事故に対する深刻な反省もしないままに原子力行政の実権をさらに握り続けようとしております。こうした戦前の軍部にも似た原子力ムラの組織的な構造、社会心理的な構造を徹底的に解明して、解体することが原子力行政の抜本改革の私は第一歩だと思います。（中略）根本的な問題としては、原発依存を続けるかどうかという判断です。今回の事故で、稼働中の原子炉だけでなく、最終処分ができない使用済燃料の危険性も明らかになりました。今回の原発事故では、最悪の場合、首都圏三千万人の避難が必要となり、国家の機能が崩壊しかねなかった、そういう状況にありました。テロや戦争などを含めて、人間的要素まで含めて考えれば、国家崩壊のリスクに対応できる安全性確保というのは、これは不可能です。

私は今回の事故を体験して、最も安全な原発は、原発に依存しないこと、つまり脱原発の実現だと確信しました。ぜひとも野田総理はもちろんのこと、すべての日本人の皆様に、あるいは世界の皆さんにそういう方向での努力を心からお願いしたいと思います。

＊　　　　　　＊

かつて、日本の首相経験者がこれほど明確に「脱原発」を国民に訴えたことはありません。とくに原子力ムラを戦前の軍部にたとえたことは、非常に大きな問題提起です。原子力問題では日本の民主主義が問われています。原子力開発は健全な民主社会では成立しないのではないでしょうか？　あるいは民主社会を破壊する元凶なのではないでしょうか？

メディアは菅首相のこの発言を十分には取り上げませんでしたが、私は歴史的な発言だと思いましたので長く引用しました。

誰がSPEEDIを殺したか？

放射能は目に見えません。色もなければ臭いもありません。人は危険が迫

るとまず逃げます。火事が起きれば火元から逃げます。津波警報が出れば高台に逃げます。では放射能の危険が迫った時に、人はどのように逃げたらよいのでしょうか？

　放射能は人間が知覚できないだけではありません。自分がどれくらいの放射能を浴びたのか、即座には認識できません。つまり逃げるべきかどうかを即座に判断できません。

　原子力災害では避難誘導が決定的に重要です。私はテレビの記者として、また解説を担当した一人として、後悔することがたくさんあります。その一つが危険の告知です。

　3月12日の1号機水素爆発の時にはまだ、取材に加わっていませんでしたが、14日の3号機水素爆発の時は、まさにテレビで解説を行っている最中でした。とっさに3号機付近で注水や電源復旧の作業をしている人たちが大きな危険にさらされていることは察知しました。

　私はあの時、避難途中の周辺住民の皆さんに向けて、もっと声高に、「逃げろ！」と叫ぶべきだったのでしょうか？

　「3号機で爆発が起きました。避難途中の皆さんは、急いでください。逃げる時は長袖・長ズボンで、水で濡らしたタオルなどで口や鼻を覆ってください」……と。

　「原発は絶対安全」という、誤った「神話」のもと、テレビ局も現実の原子力災害について、ほとんど備えがありませんでした。

　私がSPEEDIというシステムについて知ったのも事故が起きてからです。事故から10日余りがたった3月23日、原子力安全委員会は一枚の放射線地図を発表しました。原発から北西方向を中心に、1歳の子どもの甲状腺被ばくを表したシミュレーション結果です（次頁の図参照）。

　これを見て、本当に驚きました。3月11日から24日までの2週間に、100ミリSv以上の被ばくが予想される地域が、南はいわき市から、北は飯舘村、川俣町、南相馬市まで大きく広がっていました。

　私はすぐに文部科学省の担当者に電話取材しました。担当者が言うには、「これは24時間、1歳児が屋外で立ち続けているという、最も厳しい条件で

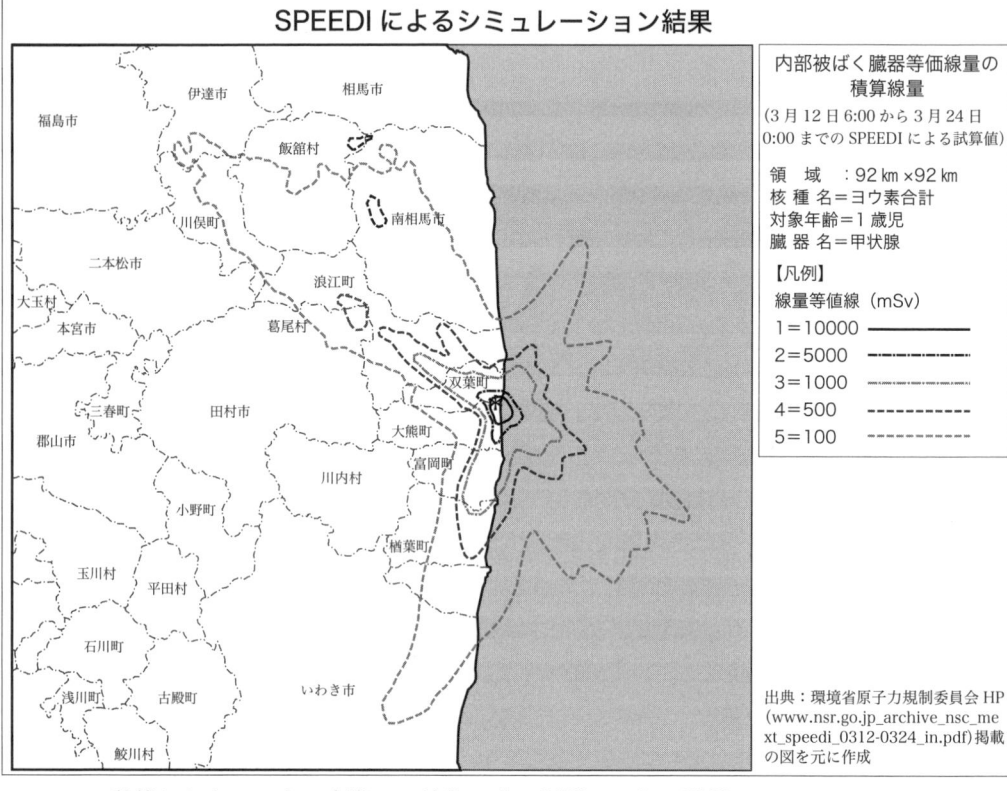

SPEEDI によるシミュレーション結果

内部被ばく臓器等価線量の積算線量
(3月12日 6:00 から 3月24日 0:00 までの SPEEDI による試算値)

領　域　：92 km × 92 km
核　種　名＝ヨウ素合計
対象年齢＝1 歳児
臓　器　名＝甲状腺

【凡例】
線量等値線（mSv）
1 ＝ 10000 ──────
2 ＝ 5000 ──・──・──
3 ＝ 1000 ・・・・・・・
4 ＝ 500   ─ ─ ─ ─
5 ＝ 100   ‑ ‑ ‑ ‑ ‑

出典：環境省原子力規制委員会 HP (www.nsr.go.jp_archive_nsc_mext_speedi_0312-0324_in.pdf)掲載の図を元に作成

計算したものです。実際には建物の中に退避したり、避難しているので、この数値のように浴びた人はおりません」とのことでした。

確かに 24 時間、幼児が外で立っていることはありません。しかし、放射能の雲（ブルーム）に運悪く遭遇した子どもたちは、もっとひどく被ばくしている可能性だってあります。放射能雲は均一に広がるとは限らないのです。

そしてこの放射線地図を作成したツールが SPEEDI だったのです。

SPEEDI は緊急時迅速放射能影響予測ネットワークシステム（System for Prediction of Environmental Emergency Dose Information）の略です。その名の通り、原子力施設から大量の放射性物質が放出された時に、どのように広がって、どのように人々に影響を与えるか、予測するシステムです。大変優れた機能を持っています。

SPEEDI 開発のきっかけとなったのは、1979 年のアメリカ・スリーマイル島原発事故です。スリーマイル島原発事故では周辺に大規模な放射能の放出はなかったとされていますが、それでも希ガスがおよそ 9 万テラベクレ

ル（編集部注＝ベクレルは放射能の強さを表す単位）、ヨウ素がおよそ0.5テラベクレル放出されました。

　スリーマイル島原発の近傍には街があります。最初の数日、街はパニックに陥りました。2012年2月に私もスリーマイル島原発を取材してきましたが、街と原発は本当に目と鼻の先でした。最短で1キロメートルしか離れていないということです。

　こうした事故の反省から、1980年、当時の日本原子力研究所（現在の日本原子力研究開発機構）が放出された放射性物質の拡散予測や被ばく線量を予測するシステムの開発に乗り出したのです。

　1984年には基本的なシステムが完成して、2005年からは高度化したSPEEDIが運用を始めました。システム開発と運用でこれまでおよそ130億円の予算が投じられています。

　SPEEDIには事業仕分けで有名になったスーパーコンピュータが使われています。放射能の拡散予測は時間が勝負です。まさにスピーディに結果を出さなければ実際の避難には使えません。

　SPEEDIの運用は、財団法人・原子力安全技術センターが担っています。

　予測に必要な情報は、まず気象情報です。風向や風速、それに降水量などの情報と84時間分の気象予測データが、財団法人・日本気象協会から、SPEEDIに送られてきます。

　また地方公共団体が持っている気象データや放射線モニタリングのデータもSPEEDIに送られてきます。

　一方、原発から放出される放射性物質の量や核種などの情報は、原子力安全基盤機構（JNES）が運用している緊急時対策支援システム（ERSS:Emergency Response Support System）を経由して送られてきます。このシステムについては後ほど述べます。

　SPEEDIには詳細な3次元の地図情報が、データベースとして蓄積されています。データベースには、人口分布や避難に使える施設、収容可能な人数、病院、学校、それに道路情報なども蓄積されています。

　さらに予測に必要な、線量換算係数や原子炉のタイプによって異なる放射

性核種のデータなどが入っています。

　原子力施設で大量の放射性物質が放出されると、放出源情報から放射性物質がどのように拡散していくか予測します。その結果はおよそ15分で図形になって、必要な機関に送られるのです。

　3月11日午後3時42分、東京電力が「10条通報」を発しました。運用を担う原子力安全技術センターは午後5時前、文部科学省の指示で、SPEEDIを「平常モード」から「緊急時モード」に切り替えました。同時にオペレーションのための人員が招集されました。

　「平常モード」、つまり普段は気象データの予測値と実測値の比較を行って、絶えず精度を上げるための計算が繰り返されています。一方、「緊急時モード」に切り替わると、ただちに放射能拡散の予測が始まります。

　計算の指示は一元的に文部科学省からのFAXで行われます。そのFAXの一枚を私も見せてもらいましたが、発信者の名前だけ黒塗りとなっていました。

　実際には保安院や原子力安全委員会の指示もありますが、勝手に多方面から指示が出されると混乱することから、一元化されているとのことです。

　計算の流れはまず、気象データから原発付近の局地的な気象予測を行い、地形などを考慮して風向・風速などの「風速場計算」が行われます。この結果と放出源情報を合わせて、放射性物質の大気中の濃度や地表への蓄積量などが計算されます。

　放出源情報とは、ERSS（緊急時対策支援システム）から送られてくる放射能放出に関する情報で、放射性物質放出の時刻、継続時間、放出された高さ、放射性物質の種類など以下の情報を指します。

- ◆原子力緊急事態発生日時、サイト名、発生施設、発生した特定事象の種類
- ◆放出開始時刻又は放出開始予想時刻
- ◆実効放出高さ
- ◆放出核種及び放出量
- ◆放出（予想）継続時間、放出時間変化
- ◆原子炉停止時刻及びその時の平均燃焼度

予測は3次元で行われます。放射能の拡散を立体的に捉えることができます。たとえば放射性物質が120メートルの排気塔から放出されたのか、それとも格納容器が損傷して地上付近から放出されたのか、SPEEDIは区別して予測することができます。

「平均燃焼度」とは、原子炉の中の燃料が、どれくらいの出力で何日間燃焼したかを示す数字です。燃焼度が高いほど、燃料にはたくさんの核分裂生成物（死の灰）が溜まります。

濃度が計算されると、その場所に人がいると仮定して、その人が浴びたり吸い込んだりする線量の予測が行われます（「線量予測計算」）。

最後に計算結果を見やすい図形にして、必要とされる機関に専用の回線で送られます。出力図形を見るための端末は国の機関と地方公共団体に置かれています。今回の事故で出力データは文部科学省をはじめ経済産業省、防衛省、原子力安全委員会、日本原子力研究開発機構、外務省、それに福島県災害対策本部、宮城県、福島県原子力災害センターなどに送られました。

計算の開始から図形が出力されるまでの時間はわずか15分です。事故発生の初動では分単位で生死が分かれます。スーパーコンピュータの威力です。

ところが、出力端末は官邸の危機管理センターには置かれていません。原子力安全技術センターの技術者によると、「官邸にすべてのデータが行くと混乱する」というのがその理由で、官邸には経済産業省を経由して伝えられることになっています。「避難指示」という重要な政治的意思決定を行う官邸に、なぜ端末が置かれていないのか、私には理解できません。

今回の事故ではERSSから送られてくるはずの放出源情報が得られなかったことから、正確な拡散予測ができなかったという、誤った説明が混乱を招きました。実際にはSPEEDIをきちんと利用すれば、住民の余分な被ばくは間違いなく軽減することができました。

政治家だけでなく、行政や規制機関は、なぜこのような誤った説明に終始したのでしょうか。

まずSPEEDIに放出源情報を送るERSS（緊急時対策支援システム）とはどんなシステムなのでしょうか？

ERSSは、原子力発電所が正常に稼働しているかどうか、常時監視するシ

ステムです。プラントの情報が常時表示されています。プラントの情報を表示するシステムは ICS（Information Collection System）と呼ばれます。

　事故が発生した時、ERSS は二つの役割を担います。

　一つは原発でどんな事故が起きているか、判断をサポートするための機能です。事故状態判断支援システム（DPS:Diagnosis/Prognosis System）と呼ばれています。ERSS には原子炉の運転状況や敷地の放射線のデータ、それに緊急時の非常用炉心冷却系（ECCS：Emergency Core Cooling System）の作動状況など、原子力プラントの情報が常時送られており、DPS によって事故の状態が一目でわかるようになっています。ただしあくまでも「判断」を「サポート」するシステムで、「判断」するのは現場です。

　もう一つは事故の進展を予測するシステムです。プラントの状態が判断できれば、それをもとに、今後事故がどのように進展するか予測します。解析予測システム（APS:Analytical Prediction System）と呼ばれ、パソコンで利用できる MAAP という解析ソフトが搭載されています。

　MAAP という解析ソフトは事故の時に迅速に計算できるように、シンプルに作られていて、炉心溶融に至るプロセスはかなり正確に予測できます。一方、溶けた燃料が圧力容器を破り、格納容器を破損していくような複雑なプロセスについては、適用に限界があると言われています。

　さて、今回の事故ではプラントから ERSS にデータを送るための回線が途切れたことから、福島第一原発のプラントデータは ERSS に送られませんでした。しかし ERSS にはプラント情報が得られなくても、事故の進展を予測するためのシミュレーションデータが大量に蓄積されていました。

　たとえば配管の破断や全交流電源喪失など、日本の 54 基（事故当時）の原発それぞれについて、10 通り前後の典型的な事故について、事前にシミュレーションを行い、データベース化しているのです。PBS（プラント事故挙動データシステム〈Plant Behavior Data System〉）というシステムです。

　3 月 11 日夜、全電源喪失した 2 号機が、注水機能の喪失からわずか 4 時間で炉心溶融に至るとの予測が官邸に報告されましたが、これは ERSS（緊急時対策支援システム）による事故進展予測の第一報です。これは PBS（プラ

ント事故挙動データシステム）のデータを利用したものです。

この時の事故進展予測は次の通りです。

14時47分　原子炉スクラム（実績）
20時30分　RCIC（隔離時冷却系）停止、原子炉への注水機能喪失（実績）
22時50分　炉心露出（予測）
24時50分　燃料溶融（予測）
27時20分　格納容器ベント（予測）

原発から送られてくるデータには、当然、放射能の放出源情報も含まれていますが、今回の事故では電源の喪失によって、データ伝送のための機器がダウンしてしまい、データが送られませんでした。2012年1月19日の産経新聞によると、データの伝送ができなくなったのは、データ送信のための装置が無停電電源に接続されないまま放置されていたからだということです。

放置されていたということは、原子力安全基盤機構（JNES）と保安院はそもそもERSS（緊急時対策支援システム）をきちんと利用する意志がなかったのでしょう。

ともあれプラントからデータが来ないのでAPS（解析予測システム）は使えなくなりましたが、PBS（プラント事故挙動データシステム）のデータを利用することはできました。つまり、大まかな事故の進展予測は可能でした。事実、JNESの担当者は「データが来なくても概況は理解できた」と語っています。

つまり、PBSの事前シミュレーション予測を用いて、格納容器の破損が予測されれば、その情報をもとに、SPEEDIを利用して、どのように放射能が拡散するか、正確でないにしても、めどをつけることは可能だったのです。

ERSS（緊急時対策支援システム）の開発を主導し、原子力防災の専門家である元四国電力の松野元氏は、ERSSには全電源喪失から炉心溶融、格納容器の破損に至る過酷事故を想定したデータがいくつも内蔵されていて、これらを利用することは可能だったと語っています。

松野氏によると、万が一、ERSSが全く利用できなくても、全電源喪失か

ら冷却機能の喪失へと事態が進展し、格納容器の破損が予測されれば、例えばチェルノブイリの放出量の10分の1程度である10の17乗ベクレルをSPEEDIに投入して、その拡散結果を避難に活用することは十分可能とのことです。

「原子力防災では小さな事故やトラブルはある意味でどうでもいいのです。格納容器が壊れるかどうかだけが問題なのです。そして格納容器が破損する恐れが出たとたんに、25時間以内に住民を30キロ以遠に避難させなければならなかったのです。住民の生命を守るには、確かなことがわからない中で、判断を下さなければなりません。事態が明らかになるのを待っていては、原子力防災は成り立たないのです」(松野さんへのインタビュー)

松野さんの言葉は至言です。

事故から半年後の2011年9月、保安院は地震当日の夜、ERSSを利用して事故の進展予測を行っていたことを明らかにしました。2号機と3号機の予測は官邸に送られましたが、官邸では利用されませんでした。また1号機の進展予測は官邸に送信もされませんでした。

保安院は3月11日夜、すでに炉心溶融に至る可能性を知りながら、その情報は住民の避難指示に活用されることはありませんでした。そのことを半年もたってから、ようやく公表しました。

活用されなかった理由を聞かれた保安院の森山善範原子力災害対策監は、「理由はわからない。事実に基づいたデータではないので、活用に思い至らなかった」と答えています。

規制機関の幹部は電力会社を守ることに「思い」が「至って」も、住民の生命には「思い」が「至らない」ものなのです。国会事故調報告書が「規制機関は電力会社の虜」と述べたとおりです。

一方、SPEEDIはどのように使われていたのでしょうか？

実は事故の初動では、ERSS(緊急時対策支援システム)から放出源情報が来ないことは想定されていました。当たり前です。実際に放射能が放出されてから逃げるのでは遅いのですから……。

I　あの時、何が起きたのか

　放出源情報がない時には、SPEEDI は単位量、つまり 1 ベクレルの放射能が放出されたと仮定して、どのように広がるか計算する仕組みになっています。原子力安全委員会が決定した「環境放射線モニタリング指針」には次のように書かれています。
　「一般に、事故発生後の初期段階において、放出源情報を定量的に把握することは困難であるため、単位放出量又は予め設定した値による計算を行う。SPEEDI ネットワークシステムの予測図形を基に、監視を強化する方位や場所及びモニタリングの項目等の緊急時モニタリング計画を策定する」
　前述のとおり、3 月 11 日 15 時 42 分に「10 条通報」が行われると、SPEEDI を運用する原子力安全技術センターは、SPEEDI を緊急モードに切り替えて、単位量の放射能が放出されたと仮定した計算を、24 時間体制で開始しました。実際、文部科学省には 11 日 17 時から、保安院や原子力安全委員会、日本原子力研究開発機構、原子力災害現地対策本部が置かれているオフサイトセンターには 17 時 40 分から送信が開始されました。
　さらには 13 日から防衛省、14 日からは外務省を経由して在日アメリカ軍にもデータが送られました。もちろん国民には伏せられたまま……。

　一方、1 時間ごとの単位放出量の放射能拡散予測だけでなく、文科省と保安院は 3 月 11 日夜から、様々な仮定をして、放射能の拡散シミュレーションを行いました。
　まず保安院は 3 月 11 日 21 時 12 分、翌 12 日午前 3 時半の 2 号機のベントを仮定して放射能がどのように拡散するか、予測を行いました。また 12 日 1 時 12 分には、1 号機ベントの影響を確認するための予測が行われました。
　ベントをすれば、大量の放射能が放出されます。住民が巻き込まれると、命の危険さえあります。
　その後も事故の進展に合わせて、12 日の 1 号機水素爆発、14 日の 3 号機水素爆発の影響も予測しました。
　結局、保安院の指示で SPEEDI の拡散予測を行ったのは 45 回に上ります。しかし官邸に送られたのは 2 件だけ、しかも官邸で情報が共有されたのは 1 件だけでした。

一方、文部科学省は12日2時48分に、設置許可申請書に記載されている「仮想事故」での放出量を使って、1号機からの拡散状況を予測したのをはじめ、16日までに38件の予測を行いました。

予測の結果はどう使われたのでしょうか？

当時の高木義明文部科学相は国会で、次のように述べています。

「内部の参考資料として大いに参考にさせていただきました」（2011年6月17日）

あくまでも「内部」の「参考」にするための「資料」であって、「外部」である住民の避難に役立てられることはありませんでした。

また、菅直人首相は国会で、次のように述べています。

「SPEEDIの試算結果が3月12日、原子力安全・保安院から官邸地下のオペレーションルームの原子力安全・保安院の連絡担当者に送付されたということでありますけれども、私や官房長官、官房副長官、内閣危機管理官などには伝達されていません」（2011年6月3日）

その菅首相もSPEEDIについて知らないはずはありませんでした。2010年10月、中部電力浜岡原発で行われた原子力防災訓練に、菅首相も参加していたのですから……。

もう一度整理しておきましょう。

SPEEDIというシステムそのものは「原子力災害危機管理関係省庁会議」が作った「原子力災害対策マニュアル」に従って、想定された通りの機能を発揮しました。3月11日17時から毎正時に単位放出量を仮定した拡散の予測を行い、想定通りの宛先に送信されました。（オフサイトセンターには専用回線がダウンして送れなかったので、FAXで送信されました。）

文科省と保安院が様々な仮定で行った予測も図形として出力されました。保安院も文科省もベントの影響だけでなく、水素爆発を仮定した拡散予測も行い、結果が出力されています。つまりシステムは想定された通りに機能しました。

では、文科省、保安院、安全委の官僚らは、なぜベントや水素爆発の影響を調べるために予測をしたのでしょうか？

なぜなら彼らは、これから何が起きるか、わかっていたからです。全交流電源の喪失から冷却機能の喪失へと事態が進展した場合に、次に何が起きるか、彼らにはわかっていたからです。記者会見や国会答弁を聞いていると、官僚は無知を装っていますが、彼らはすべてわかっていたと私は確信しています。

　結局、事故進展の予測も、放射能拡散の予測も、一部を除いて官邸などの意思決定には利用されませんでした。住民避難の意思決定は、情報もないまま、いわば無手勝流で行われたのです。

　しかもSPEEDIの情報が公開されることはありませんでした。3月23日にたった一枚の出力図形が公表された後も、データが公表されることはありませんでした。SPEEDIの全データが公表されたのは5月2日のことです。事故発生から40日が経過していました。

　その日、記者会見した細野豪志首相補佐官は、「公表して社会にパニックが起きることを懸念した」と語りました。情報を公開しない口実はたくさんありますが、「パニックを起こさない」という口実が、最も悪質です。人々は正しい情報にパニックなど起こしません。「人々がパニックを起こす」と思って、パニックに陥っているのは、常に権力の側に立つ者たちです。「エリート・パニック」です。

　ちなみに情報を公開しないための口実はほかにもあります。とくに原子力関連では次のような常套句が使われます。

「人々がパニック起こす」

「セキュリティー上問題だ」

「個人情報を保護する必要がある」

「企業秘密である」

「人々の不安をあおる」

「風評被害を起こしてはいけない」

　文部科学省は2012年7月27日、「東日本大震災からの復旧・復興に関する文部科学省の取組についての検証結果のまとめ（第二次報告書）について」という長い名前の報告書を出しました。

　その記載によると、事故発生から4日後の3月15日、高木文部科学相の

記者会見で、記者からSPEEDIのデータを公表するよう求められ、高木文科相は「検討したい」と答えました。
　しかし、3月16日の政務三役会議でも、公開を求める記者の要求があったことさえ話題に上らず、「検討」などなされないまま、40日が過ぎました。その間にたくさんの住民が、避けることのできた被ばくを受けてしまいました。
　なぜ公開しないのか、この報告書はSPEEDIのデータは「公表を目的とされたものではなかった」と述べています。
　原子力の世界では、「寄らしむべし、知らしむべからず」が鉄則です。人々に危険が迫っていても、「公表」しないことが原則なのです。原子力防災関連のガイドラインやマニュアルを見てください。「通報」については記載されていても、「公表」については書かれていません。原発事故の情報は、「公表」が前提ではないのです。
　文科省の報告書は、SPEEDIの情報が活用されなかった理由について、「単位量放出のSPEEDI計算結果及び各機関による独自のSPEEDI計算結果を原子力災害対策本部において避難等の指示内容の検討に活用するよう、関係機関に踏み込んで助言することまではしていなかった」（下線筆者）と述べています。
　私はこの一節を読んだ時、怒りがこみ上げてきました。町で火事が起きれば「火事だ！」と誰もが叫ぶでしょう。津波が来れば「危険だ、逃げろ！」と互いに声をかけます。しかし日本の官僚は、住民に放射能の危険が迫っても、「危険だ！」と叫ぶことさえしないのです。「助言」とは何たる言いぐさでしょうか。本当に腹立たしい気持ちになります。
　また「SPEEDIが機能を十分に発揮できるような措置を、原子力安全・保安院とともに、事前に検討し備えておくことが必要だった」（下線筆者）とも書かれています。つまり、SPEEDIを真面目に使うつもりなど、初めからなかったと白状しているのです。使う意志があれば、「事前に検討し備え」ることは当たり前です。当たり前のことをしていなかったということは、使う意志がなかったということです。
　ERSS（緊急時対策支援システム）もSPEEDIもシステムとしては完全とは言えないまでも、住民の余分な被ばくを避ける使い道はありました。しかし、

使う側の人間に、「機能を十分に発揮」させようという意志も能力もありませんでした。かくして、SPEEDI を殺した責任を誰も取ることなく、幕引きとなります。

原子力防災の基本が書かれた「防災指針」(「原子力施設等の防災対策について」)には、次のように書かれています。

「あらかじめ、国、地方公共団体、原子力事業者等の間で十分に協議し、平常時から各種システムのネットワーク化や、緊急時の際の協力体制を整えておくことが必要である」

実にむなしい気がします。言葉や文書で、人の命は守れないということを私たちは肝に銘じておかなければなりません。

放射能拡散問題はこれで終わりませんでした。

実はアメリカ・エネルギー省は、事故発生直後の 3 月 17 日から 19 日にかけて、航空機による放射能の実測を行っていました。要員と機材はアメリカから持ち込み、測定範囲は、半径 45 キロ、空からだけでなく、東北新幹線の中まで測定したそうです。

同時にアメリカ政府は、日本にいるアメリカ人とその家族に対して、50 マイル (80 キロ) 圏外への避難を勧告しました。とくに米軍関係者は横田基地の 3000 人、厚木基地の 2000 人、三沢基地の 1300 人を含め、大半の関係者と家族が日本を離れました。また横須賀で修理中の第七艦隊の空母ジョージワシントンは、修理を切り上げてフィリピン沖に避難、艦載機のほか、第七艦隊の計 11 隻が、日本を離れました。

アメリカ政府が避難勧告を 20 キロまで縮小したのは、半年以上たった 10 月 7 日です。

航空機による実測値のデータは 3 月 18 日、20 日、23 日と 3 回にわたって、日本側に提供されましたが、これもまた避難に利用されることはありませんでした。アメリカ軍のデータは SPEEDI の予測値とは異なり、実測値でしたから、住民にとっては死活的な情報でした。

アメリカ軍が提供した汚染地図には、すでに北西方向の線量レベルが高いことが明確に示されていました。しかし、日本政府が飯舘村などを「計画的

避難区域」に指定したのは、1カ月以上たった4月22日でした。その間住民は、避けることのできた無駄な被ばくを受けてしまったのです。

アメリカは放射能に極めて敏感です。日本の電力会社で原発を保有していない会社が一つだけあります。沖縄電力です。なぜでしょうか？

それは米軍基地の75％が沖縄にあるからです。沖縄で原発事故が起きると、アジアに展開するアメリカ太平洋軍は機能を失うからです。

日本原子力研究所（現在の日本原子力研究開発機構）が内閣府の受託を受けて作成した「原子力災害への対応に関する動向等の調査」（2005年3月）というレポートがあります。拡散予測の不可能性とモニタリングの重要性を極めて端的に述べています（下線筆者）。

　　　　　　　＊　　　　　　　＊

近年、広域の大気拡散予測の精度には、かなりの改善がみられるが、狭域又は中領域の予測は、その領域の大気パラメータ（編集部注＝「パラメータ」とは媒介変数のことで、温度や圧力から時間まで様々な要素がある）に関する知識不足のため、依然として不確かなものである。また、放出率、放出高さが非常に不確かで、気象パラメータも連続的に変化し、放出初期の輸送はその地域の局所的な地形に左右されることを考慮すると、環境測定が行われていない状況下で核種濃度を予測することは極めて困難と言わざるを得ない。放出が一旦起こったとわかれば、地域住民への到達時間を推定することは可能かもしれないが、それが致命的な放出で大量被ばくをもたらすならば、早期死亡を避けるためのとらなければならない防護措置を決定するには遅すぎるのである。

<u>シビアアクシデントのほとんどの事故シーケンス</u>（編集部注＝事故進行のプロセス）<u>で、早期死亡に寄与する被ばく経路は、地表沈着からの外部被ばくである。したがって、降雨の生起とその規模に大きく依存することになる。さらに、沈着のパターンは極端に非一様で、数百メータ違っただけで、大きさが1桁以上違うこともある。このような変動を予測することは不可能である。</u>

　　　　　　　＊　　　　　　　＊

I　あの時、何が起きたのか

　レポートはこのほかにも、事故の進展を予測することは不可能なこと、それでもなお放出1時間前に住民の避難が開始されれば、早期死亡のリスクをゼロにできること、意思決定が必要な時に確実な情報を待っていては「貴重な時間の浪費になる」ことなどが、記されています。極めて明快です。
　繰り返しますが、このレポートは内閣府の委託で作られました。政府も行政も、何をしなければならないか、わかっていました。しかし、何もしなかったのです。これを単なる不作為と呼べるでしょうか？
　政府や行政に、住民の「生命・財産・健康」を守る断固たる意志がないことを、私たちは改めて肝に銘じておく必要があります。

ベントの社会学

　「退避」しなければ作業員に死傷者が出かねない場合も、政府は「退避」を阻止する権限があるでしょうか？
　菅首相は前述のとおり、東電に乗り込んで「撤退を認めない」と檄を飛ばしましたが、そのことでもし死者が出たら、菅首相、あるいは政府はどのような責任を取るつもりだったのでしょうか？

　原子力災害対策特別措置法は、まず原子力事業者の責務について、「原子力災害の拡大の防止及び原子力災害の復旧に関し、誠意をもって必要な措置を講ずる責務を有する」と述べています。第一義的な責任が事業者にあることは明白です。
　一方、国の責務については、「緊急事態応急対策（中略）の実施が円滑に行われるように、当該原子力事業者に対し、指導し、助言し、その他適切な措置をとらなければならない」と書かれています。
　作業員が死地に赴くような「指導」や「措置」ができるかどうか、極めて不透明です。
　チェルノブイリ原発事故では消防隊員が、まさに命をかけて消火にあたりました。アメリカでも消防隊員が、決死隊として現場に乗り込んで行くことになっています。旧ソビエト連邦もアメリカも、核開発国として、様々な痛い目に遭ってきたことから、おのずとルールができたのでしょう。

日本では事故は絶対に起こらないと言われていましたから、想定すらされていませんでした。

　ベントについても同様です。ベントをすれば周辺住民が被ばくします。場合によっては死者が出ます。事故報告書によると、官邸に集まった首相、閣僚、保安院、原子力安全委員会の誰もが、ベントをすることに異議はなかったとされていますが、彼らはベントによって死者が出たら、どのような責任をとるつもりだったのでしょうか？
　では今回の事故で、ベントはどのように行われたのでしょうか？
　ベントはいわゆるアクシデント・マネージメント、つまり過酷事故（シビアアクシデント）が起きた時の対策として位置づけられています。「安全神話」のもと、過酷事故は起きないという前提ですから、もともと十分な準備や訓練は行われてきませんでした。
　「全交流電源喪失」から「冷却機能喪失」と事態が進展する中で、3月11日夕方以降、1号機と2号機の中央制御室で、当直長は格納容器ベントに向けた準備を始めました。手順書によると、ベントは当直長の指示でできることになっているので、当直長の責任は重大です。ベントによって、最後の砦である格納容器の破損を避けたいと、当直長らが考えたのは当然のことです。
　ベントは通常であれば、中央制御室からスイッチ一つで遠隔操作が可能でしたが、全ての電源を喪失していたため、ベントの操作に必要な弁を探すところから始まりました。図面も用意されていなかったので、地震で破壊された事務本館に取りに行かなければなりませんでした。
　ベントには二通りあります。一つはドライウェルの中の気体を圧力抑制室（サプレッション・チェンバー〈サプチャン〉）を通して、排気塔に排出するウェットウェル・ベント、もう一つがドライウェルから直接外に放出するドライウェル・ベントです。ドライウェルは格納容器上部のダルマ型の空間で、通常は不燃性の窒素で満たされています。
　ウェットウェル・ベントでは、放射性物質を含んだ気体が水を通して排出されるため、放射性ヨウ素などが取り除かれますが、ドライウェル・ベントでは、放射性物質がそのまま大気中に放出されます。

ベントの仕組み

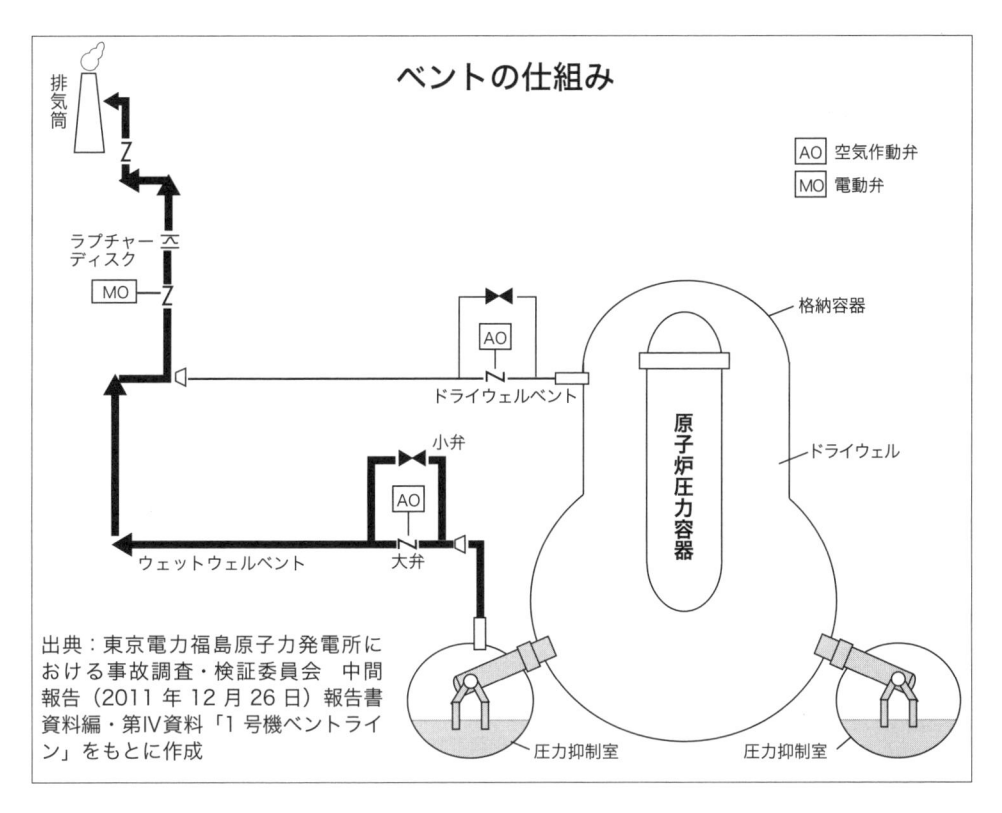

図中ラベル：
- 排気筒
- ラプチャーディスク
- MO
- AO 空気作動弁
- MO 電動弁
- ドライウェルベント
- 小弁
- 大弁
- ウェットウェルベント
- 格納容器
- 原子炉圧力容器
- ドライウェル
- 圧力抑制室
- 圧力抑制室

出典：東京電力福島原子力発電所における事故調査・検証委員会　中間報告（2011年12月26日）報告書資料編・第Ⅳ資料「1号機ベントライン」をもとに作成

　ベントを行うためには、格納容器から排気塔に至る配管のライン（ベントライン）を構成しなければなりません。非常用ガス処理系を通して、放射性物質を取り除く方法も可能ですが、今回の事故ではアクシデント・マネージメント策（過酷事故対策）で定められた、耐圧強化ベントが行われました。

　耐圧強化ベントのラインを構成するには、格納容器から排気塔に至るラインの弁だけを開き、ほかの弁や配管はしっかりと閉じて、ラプチャーディスクと呼ばれる爆破弁が破壊されるのを待ちます。ラプチャーディスクは1号機の場合が5.48気圧（絶対圧）、2号機と3号機は5.27気圧で作動する設定となっていました（編集部注＝「絶対圧」については85ページを参照）。

　3月11日23時50分ごろ、1号機ドライウェルの圧力を測ったところ、すでに最高使用圧力（絶対圧）の5.3気圧を超える6気圧を示しました。

　吉田所長は1号機の事態が悪化していると考えて、時計の針が午前0時を回った12日零時6分、1号機の格納容器ベントの準備を進めるよう指示しました。

また2号機についても、まだ格納容器の圧力は上がり始めていませんでしたが、RCIC（隔離時冷却系）の作動が確認できないことから、同様にベントの準備を指示しました。
　東電本店対策本部では、日本で初めてのベントとなることから、清水正孝社長の了解をとるとともに、監督官庁の海江田万里経済産業相、原子力安全・保安院の了解もとりました。
　午前3時のベントをめぐる記者会見での混乱ぶりは、すでに書いた通りです。
　直前の午前2時47分、1号機格納容器の圧力を測ったところ、すでに8.4気圧（絶対圧）に達していました。
　ベントを実施するためには、二つの弁を開けなければなりませんでした。一つは建屋2階にある格納容器ベント弁（MO弁）で、こちらはモーターで駆動します。もう一つはS/C（＝圧力抑制室。Suppression Chamber〈サプレッション・チェンバー〉、通称「サプチャン」）ベント弁小弁で、こちらは空気圧で作動します。現場対策本部で確認したところ、手動で操作できるハンドルがついていることがわかりました。
　しかしすでに現場では格納容器の外に放射性物質が漏えいしていました。とくにS/Cベント弁小弁のあるトーラス室（サプチャンが置かれている部屋）に入るには、大きな危険が伴いました。運転員の特別チームはヨウ素剤を服用して待機しました。

　このように現場では困難な作業が続いていましたが、東電本店や官邸では、ベントが行われないことにいら立ちが募っていました。現場がベントを躊躇しているのでは……と疑念を抱いた人もいたそうです。
　12日6時50分、海江田経産大臣は原子炉等規制法に基づいて、ベントの実施命令を出しました。前述のとおり、これは「命令」ですから、東電は従わなければなりません。同時に、命令を下した政府の責任も生じます。
　原子炉等規制法の64条によると、「災害発生の急迫した危険がある場合」は、それを避けるために、政府は事業者にあらゆることを命令できるのです。
　「命令」が出されたのとほぼ同時に、菅首相が現場を訪れました。菅首相

は吉田所長に対して、ベントを急いで進めるようにと指示すると、吉田所長は「9時頃をめどに実施したい」と述べ、菅首相も納得して現場を後にしました。

現場では9時すぎ、2名1組の3班体制を組んで、弁を開けることになりました。放射線量の高い中、まず第1班は原子炉建屋2階の格納容器ベント弁を手動で25％開けて、中央制御室に戻りました。

次いで9時24分ごろ、第2班がS/Cベント弁小弁を開けるため、建屋地下1階のトーラス室に向かいましたが、線量が高く、引き返さざるを得ませんでした。

現場ではS/Cベント弁小弁を開けることを断念し、残る選択肢であるS/Cベント弁大弁を開けることを決めました。大弁の操作は中央制御室から行いますが、電源と空気圧を発生させるためのコンプレッサー（空気圧縮機）が必要です。しかし、コンプレッサーは用意されていませんでした。

時間がたち、12時30分ごろ、協力企業が可搬式のコンプレッサーを持っていることを確認しました。この1台の可搬式コンプレッサーがなければ、ベントを実施することはできませんでした。

14時頃、ようやく頼みの可搬式コンプレッサーを1号機建屋の近くまで持ち込み、配管につなぎ込んで空気の供給を開始しました。同時に中央制御室で大弁の開操作を行ったところ、格納容器の圧力は7.5気圧から5.8気圧まで下がりました。

ベントは成功したものと見られています。

ベントについて吉田所長は、国会事故調のヒアリングに次のように答えています。

　　みなさんがベント、ベントとおっしゃっているんですけど、現場から言うとですね、そのベント自体がですね、本当にできてんのかどうかですね、わからない状態です。ですから、もうそこに全力かけてましたから、あの、ディスターブ（筆者注＝邪魔）されたとかですね、いう話もあるんですけど、もうパラ（筆者注＝「あの手この手で」の意）でも現場でいろいろ考えてやれってんで、指示してやってましたから、邪魔されたっていうよりも、作

業そのものが、なかなかすすまなかったということですよね。(中略) こっちからすると、必死でやっててあれだったんですよ。

現場では2号機、3号機のベントの準備も行われていました。

3号機は1号機の水素爆発の翌朝、13日早朝から格納容器の圧力が上がり始めました。午前5時には3.4気圧程度（絶対圧）でしたが、6時頃には3.9気圧、7時頃には4.5気圧に達していました。

そして8時過ぎにはラプチャーディスク（爆破弁）を除くベントラインが完成していました。9時過ぎにはSR弁（主蒸気逃がし安全弁）を開けて圧力容器の急減圧を行いました。圧力容器の圧力を下げた分、格納容器の圧力が上がりました。

これによってベントが実施されたものとみられ、9時頃に6.3気圧だった格納容器の圧力が、15分後には5.4気圧、40分後には4気圧、1時間40分後には2.7気圧と、下がり続けました。

3号機ではこのあとも、断続的にベントが行われました。

一方、2号機のベントも準備されましたが、2号機でベントが成功したかどうか定かではありません。

2号機では12日午前11時頃には、格納容器サプレッション・チェンバー（サプチャン）と排気塔をつなぐウェットウェル・ベントのベントラインが完成していました。

しかし、3月14日11時すぎの3号機水素爆発によって、ラインが閉じてしまいました。また、弁を開けたままにしておくための電気の不足や可搬式コンプレッサーの空気圧の不足から、ラインを維持することが困難となっていました。

2号機格納容器ドライウェルの圧力は、14日22時40分頃に4.8気圧、23時頃に5.8気圧、23時10分頃に6.2気圧、23時25分頃に7気圧、23時35分頃に7.4気圧と急激に上がり始めました。すでにみたように、このころには2号機はほぼ空炊きになっていました。

15日早朝になっても、格納容器ドライウェルの圧力は7気圧台を推移しました。

一方、サプチャンの圧力は3気圧余りを推移して、ドライウェルとサプチャンの圧力が、大きくかい離し始めました。

　吉田所長らは、ウェットウェル・ベントはムリと判断し、大量に放射性物質が放出されることを覚悟のうえで、ドライウェル・ベントの実施を決めました。

　しかし、ベントラインの弁を開いたまま維持することができず、結局、2号機のベントは失敗に終わりました。

　その後15日早朝に、サプチャンの圧力がゼロを指し、11時頃からドライウェルの圧力が下がり始めました。

　2号機で何かが起こりましたが、何が起きたかは、いまだにわかっていません。

　冒頭に述べたように、ベントは確実に周辺住民を被ばくさせます。しかしベントをしなければ、格納容器は爆発的に破壊され、さらに多くの住民が被ばくします。

　実は私も、放送を続けながら、何とか早くベントしてほしいと祈るような気持ちでした。しかし、振り返って考えると、ベントとは住民の被ばくという「犠牲」の上に成り立っているのです。

　原発の安全性を審査するための安全審査指針には、ただの一言も「ベント」という言葉は出てきません。原発を立地するための指針である「立地審査指針」では、「重大事故」と「仮想事故」の想定はありますが、敷地の外に大量の放射性物質を放出するベントの記述は一カ所もありません。

　立地住民はそもそも「ベント」とは何か、全く知らされないまま、原発の立地に同意させられてきたのです。だまし討ちと言えます。

　奈良林直北海道大学教授や宮崎慶次大阪大学名誉教授といった原子力ムラの専門家は、格納容器の圧力が高まったら、どんどんベントすべきだと主張しています。（宮崎教授は「アーリー・ベント」と呼んでいます。）

　しかし、周辺住民はひとたび過酷な事故が起きると、有無を言わせず放射能に晒されるのです。

　これはフェアなやり方でしょうか？

仮にベントが想定されるのであれば、その旨をきちんと立地審査指針に記載すべきです。そのうえで、改めて住民の同意をとることが必要でしょう。安全審査をやり直すくらいの覚悟が必要です。
　また住民を確実に避難させるために、原子力防災上の措置が取られなければなりません。これがベントを実施するための最低条件です。
　もう一度強調しますが、ベントは住民の「犠牲」の上に成り立っています。住民に死者が出たら、事業者はどんな責任を取るのでしょうか。ベントを指示した政府は、どんな責任を取るのでしょう。
　ベントを指示するのは、現場では当直長や所長です。弁を開けるのは運転員や作業員です。彼らにベントの責任は取れません。
　ベントの実施で、住民に死者が出るかもしれないと思った時、あなたが運転員なら弁を開けられますか？

なぜ政府は国民を守れないのか

　2012年2月、私はスリーマイル島原発を取材しました。1979年の事故当時、原子力規制委員会（NRC）のハロルド・デントン規制局長が、一元的に記者会見を行った現場も訪ねました。スリーマイル島原発からわずか、1キロメートルほどのところで、正面に原発を望むことができます。
　デントン局長は当時のカーター大統領の指示で、スリーマイル島原発に乗り込み、事故収束に向けて、現場を指揮する一方、毎日ここで記者会見を開きました。デントン局長は日本テレビとのインタビューで、「スリーマイルに着いた時は、情報が錯そうしていて、さすがに不安だった」と語っています。
　スリーマイル島原発は、事故を起こした2号機は止まっていますが、1号機はすでに40年を超えて運転しています。広報担当者は、「いまスリーマイル島原発は全米で一番安全な原発だ」と、誇らしげに語っていました。
　隣接するミドルタウンの市長室には、壁に地図が2枚貼られていました。1枚はスリーマイル島原発で事故が起きた時に、住民を避難させるための地図、もう一枚には「サリン」と書かれていて、どういう意味か聞いたところ、テロが起きた時の避難経路を示した地図だとのことでした。
　すべての電話帳に、事故が起きた時の避難経路が書かれていました。避難

スリーマイル島原発。手前は筆者。写真右側の1号機は現在も稼働中。事故を起こした2号機（左側）は、1号機の運転終了時に、約10年かけて同時に廃炉となる。（写真提供／日本テレビ放送網）

用のパンフレットは旅行者向けに、ホテルの部屋にも置かれていました。

　住民の「生命・財産・健康」を守るという断固たる姿勢が、どの場面でも貫かれていました。

　ひるがえって今回、原子力安全・保安院の検査官らはどのように行動したでしょうか？

　事故発生当時、福島第一原発には保安検査官7名と保安院職員1名の計8名がいました。うち3名が大熊町のオフサイトセンターに向かい、残る5名が免震重要棟（地震が起きても原子炉の操作が可能なように設置された建物。2007年の柏崎刈羽原発事故の教訓で建てられた）にとどまりました。

　しかし、5名は3月12日午前5時ごろ、オフサイトセンターに避難してしまいました。ちょうど1号機のベント準備から菅総理の突然の現地視察、さらには水素爆発まで、緊迫した状況が続いていた時期でした。

　これを知った海江田経産大臣が、現場に戻って注水作業を監視するよう指示、13日午前、4名の保安検査官が現場に戻りました。

　しかし4名の保安検査官は免震重要棟から出ることはなく、大臣の指示した「注水現場の確認」は、一度も行いませんでした。

　その後3月14日に3号機が爆発、2号機が空炊きの状態になると、4名

の保安検査官は17時ごろ、再びオフサイトセンターに退避しました。

翌15日、池田元久経産副大臣以下、オフサイトセンター自体が60キロ以上離れた福島県庁に移転してしまいました。現場付近ではまだ避難を終えていない住民が多数残されていました。池田副大臣をはじめ、住民が残っているのを知りながら、オフサイトセンターを離れました。

政府事故調中間報告書は保安検査官の活動について、次のように厳しく批判しています（下線筆者）。

　このような福島第一原発における保安検査官の対応や行動からも、非常事態において自ら積極的かつ能動的に情報収集や状況確認を行う姿勢に欠けるとともに、国としての事故対処の最前線を担うべき立場についての自覚に欠けるところがあったのではないかと思われる。

原発の現場を取材していると、保安検査官の悪い噂をたくさん聞かされます。夜な夜な電力会社の接待を受けているとか、原発のことを何もわかっておらず、電力会社の社員にバカにされているなど、枚挙にいとまがありません。

政府のトップから現場の保安検査官まで、住民の「生命・財産・健康」を守るという意識が極めて希薄です。原子力安全・保安院と原子力安全基盤機構（JNES）をそのまま引き継いだ原子力規制庁が、規制機関としての機能を果たせるかどうか、試されています。

アメリカばかり礼賛するつもりはありませんが、原子力規制委員会（NRC）のホームページを見ると、「NRCの使命は、住民の健康と安全、防衛と安全保障、それに自然を守るために許認可と規制を担うことだ」と明確に書かれています。

NRCは職員およそ4000人です。海軍出身者が多いのは、原子力空母や原子力潜水艦など、艦船での原子炉を運転した経験が高く買われているためです。海の上では、事故を起こしても逃げることができません。原子力潜水艦では、原子炉遮蔽体の隣にあるベッドで睡眠を取らなければなりません。

アメリカは核開発と船舶用原子炉の開発・運転で、何度も痛い目に遭って

おり、その苦い経験が商業用原子炉の規制に生かされています。

アメリカのすべての原発に、フルタイムで2人の検査官を置いています。検査官はすべての情報にアクセスできます。

またすべての原発はNRCだけでなく、2年に1度、連邦緊急事態管理庁（FEMA:Federal Emergency Management Agency）のチェックを受けます。FEMAは、住民の避難から物資の調達まで、原子力防災をサポートする役割も担っています。

NRCの使命について、デントン元規制局長は、日本テレビとのインタビューで次のように語っています（下線筆者）。

　　NRCはどの国の規制機関よりも、政府から独立しています。我々は大統領に直接報告しますが、それ以外の機関に報告することはありません。原子力発電を推進する責任もありませんし、エネルギー政策を発展させる責任もありません。唯一の責任はアメリカの原発を安全に稼働させることなのです。

日本ではダブルチェックを担っていた原子力安全委員会が廃止されました。私はむしろ残しておくべきだったと思います。そのうえで、機能を強化すればよかったのです。

唯一の規制機関となった原子力規制委員会の田中俊一委員長には、ぜひ規制機関のミッションを、明確にしてほしいと思います。「我々のミッションは原子炉を守ることではなく、住民を守ることだ」と。

II

原発はなぜ爆発したか
　　　——事故原因に迫る

「日本国政府の報告書」(以下「政府IAEA報告書」、2011年6月)、「日本国政府の追加報告書」(以下「政府IAEA追加報告書」、2011年9月)、「東電中間報告書」(2011年12月)、「政府事故調中間報告書」(2011年12月)、「民間事故調報告書」(2012年2月)、「国会事故調報告書」(2012年6月)、「政府事故調最終報告書」(2012年7月)と、合わせて3000ページを超える膨大な報告書が公表されました。しかし、残念ながら福島で本当に何が起きたのか、未解明の部分が大半です。

事故から2年以上がたち、「もう忘れたい」と考える皆さんも多いでしょう。しかし、何が起きたのか、どうして起きたのか、きちんと究明しなければ次の事故に道を開くことになります。

通常、例えば化学工場で事故が起きれば、ただちに警察と消防が「現場検証」を行い、刑事事件として捜査します。2012年4月に山口県で化学工場が爆発して、従業員が死傷する事故がありましたが、警察と消防はただちに現場検証に入りました。

しかし今回の福島原発事故では、放射能汚染で近づけないことを奇貨として、「現場検証」は、いまだに行われていません。通常であれば、「業務上過失傷害」などの疑いで、事業者である東電に「家宅捜索」などの「強制捜査」が行われてしかるべきですが、それも行われません。

このまま、私たちが関心を失えば、間違いなく事故の「責任」はうやむやになります。

原子力発電は、ともすれば専門的で難しいと思っている方が多いかと思います。しかし、技術としては、すでに「枯れた」技術です。原理も極めてシンプルです。

原発訴訟をたたかってきた海渡雄一弁護士は、「高校の物理と化学でほとんどわかる」と朝日新聞のインタビュー(2011年11月2日)で語っています。私も同感です。

もちろん、個々の要素技術は高い専門性を有していますが、全体を理解するには、個別の要素だけにこだわる態度は賢明とは言えません。この章では原発の本質を見据え、「安全神話」の矛盾に光を当てることが狙いですので、

「原理」や「考え方」にこだわっていきたいと思います。

原発のメカニズムなどについては類書がたくさん出ていますので、ここでは繰り返しません。ただし、いくつかの概念はきちんと整理しておきたいので、ポイントを上げておきます。

より良き理解のために、数字の細かな正確さだけにこだわるのではなく、「オーダー」、つまり単位や規模感を大切にしていきたいと思います。

原発事故を理解するために

今回の事故では「通常の1000万倍」とか「テラベクレル」といった、とてつもなく大きい数字が頻発して、私たちの感覚を麻痺させてしまいました。

単位が混在しているケースも多々ありました。l（リットル）なのか、cm³（立方センチメートル）なのか、立米（立方メートル＝m³）なのかといった点は重要です。

政府IAEA報告書にも、紛らわしい表現がたくさんあります。例えば冷却のために原子炉に注入した水の量は、ほとんどの箇所で「トン」、つまり「立米」が使われていますが、消防車を利用した代替注水の部分だけ「リットル」が用いられています。これは消防車による注水の効果を大きく見せるトリックです。

政府や東電の発表では、大局を見失わないように、単位をしっかりと把握して、感覚的に「オーダー」（規模感）をとらえる必要があります。

ポイントの第一は、軽水炉にとっては、「水」が決定的に重要だという点です。「軽水炉」とは、「軽水」を利用した「原子炉」という意味です。「軽水」は普通の水です。「重水」は普通の水に0.015％ほど含まれています。「重水」を利用した原子炉もあります。例えば「カナダ型重水炉（CANDU）」がそれです。

軽水炉には二つのタイプがあります。今回事故を起こした「沸騰水型原子炉（BWR）」と「加圧水型原子炉（PWR）」です。

軽水炉での「水」の役割は二つあります。一つは「冷却材」としての「水」です。核分裂で発生した熱を原子炉から奪い、タービンに運んで「熱」を「電気」に変えるうえで、「水」は決定的な役割を果たします。

水は0度で「氷」という固体になり、0から100度で液体となり、100度を超えると水蒸気という気体になります。水1ccの温度を1度上げるのには1カロリー（cal）が必要です。ところが水1ccが、液体から「水蒸気」になる時には、540calもの熱が必要です。つまり周りから熱を奪います。夏に打ち水をすると涼しくなるのは、水が蒸発して気体になることで地面から熱を奪うためです。

　また水が液体から気体になる時には、体積が100度Cでほぼ1600倍になります。逆に水蒸気を冷やして液体にすると、同じ倍率で体積は小さくなります。水はまさに変幻自在です。軽水炉の本質は「水」と言っても誤りではありません。

　沸騰水型原子炉（BWR）では、通常運転の時、原子炉圧力容器の温度が280度に達します。普通なら水は沸騰してしまいますが、70気圧という高い圧力をかけると沸騰を抑えることができます。通常運転の時、圧力容器の中は高い圧力で水の沸騰を抑えながら、蒸気だけを取り出してタービンに送り、熱を電気に変えるのです。

　ちなみに、280度程度で熱を電気に変える効率は3分の1程度で、残りの3分の2の熱はヒートシンク（熱の捨て場）に捨てています。日本の場合は四面を海に囲まれているので、ヒートシンクは海と大気です。水冷と空冷です。

　例えば福島第一原発1号機の電気出力は46万キロワットですが、熱出力は138万キロワットです。熱出力から電気出力を引き算した92万キロワットは、実はヒートシンクに捨てています。原発とは熱を海に捨てる装置です。

　事故が起きた時には「冷却水」の存在が死命を制します。原子炉を停止しても、いわゆる崩壊熱で原子炉は熱を発し続けます。1号機の場合だと、原子炉停止1秒後で熱出力の7％ほど、およそ10万キロワットという膨大な熱が発生します。熱を除去すれば1日後には0.6％、8000キロワット程度に落ちつきますが、除去できないと燃料が溶融し、メルトダウンを引き起こします。

　ちなみに家電製品の消費電力をネットで調べてみましたが、トースターが1キロワット、アイロンが0.2キロワット程度ですので、8000キロワット

はトースター8000個分ということになります。

　民間事故調報告書によりますと、吉田昌郎所長は事故発生直後、東電本店への直通電話で、「何でもいいから液体を持ってきてくれ！」と叫んだそうです。冷却には水が不可欠です。

　日本ほど水に恵まれた国はありません。「水に流す」「水臭い」「水を向ける」など、水にかかわる表現がたくさんあります。日本の美しい自然は、水によってはぐくまれています。

　軽水炉にとってもう一つの水がなければならない理由は、「減速材」としての役割です。

　原子力発電は核分裂のエネルギーを利用します。天然に存在するウランには2種類あり、一つが核分裂しないウラン238、もう一つが核分裂するウラン235で、ウラン235は天然のウラン鉱石に0.7％程度しか含まれていません。原子力発電所の核燃料は、このウラン235を3〜5％程度に濃縮して利用しています。

　ウラン235に中性子がぶつかると、原子核が二つに「分裂」して、膨大なエネルギーとともに、2から3個の中性子、それに2つほどの破片が生成します。この破片を総称して「核分裂生成物」（通称「死の灰」）と呼びます。ヨウ素131やセシウム134・137も核分裂生成物です。

　核分裂によって放出される中性子は「高速中性子」とよばれ、1秒間におよそ2万キロメートルの速度を持っています。核分裂が自発的に継続する状態が「臨界」です。臨界を維持するためには、放出された中性子を別のウラン235に吸収させ、連鎖的に核分裂を継続させなければなりません。しかし「高速中性子」は「高速」すぎて、ウラン235が吸収できません。

　吸収させるためには速度を1秒間に2キロメートル程度まで落とさなければなりませんが、速度を落とすための材料が「減速材」です。「軽水炉」では、水が減速材の役割を果たしています。軽水炉では水がなければ核分裂を維持できません。ちなみに速度を落とした中性子は「熱中性子」と呼ばれています。

　このように、軽水炉は水がなければ成り立ちません。水がなければ軽水炉の中で「臨界」が起きることもないのです。

第二のポイントはパラメータ（＝媒介変数。温度や圧力から時間までたくさんの要素があります）です。原発のように巨大なシステムを構築して、運転するにはたくさんのパラメータを定義しなければなりません。原子炉の中で何が起きているか解析するための解析コードは、最もシンプルなMAAP（編集部注＝事故の進展を予測する解析ソフト。58ページ参照）と呼ばれる解析コードでも150以上にのぼるそうです。

　ここでは、私たちの直感を大事にするために、原子炉の3つのパラメータに注目します。

　一つは「温度」です。通常運転時の原子炉の温度は280度ですが、今回の事故では圧力容器の中の燃料は2800度まで上昇したと見られています。

　圧力容器の材料は鋼鉄です。鋼鉄は1500度程度で溶融します。セラミック状のウラン燃料ペレットも2800度程度で溶けてしまいます。またウラン燃料ペレットを覆っているジルカロイというジルコニウムの合金は、1700度程度で溶融します。そのジルカロイは水と反応して、500度程度から水素を発生し、温度が上がるほど加速度的に反応が激しくなります。

　最悪の事態では圧力容器の中の燃料がどろどろに溶けて、高い圧力によって圧力容器の貫通部から吹き出し、格納容器を大きく破壊するシナリオもあり得ます。

　二つ目のパラメータは「圧力」です。原子炉圧力容器の中は、通常運転では70気圧程度です。普段の大気圧がほぼ1気圧ですから、70気圧がどれほど高いかわかります。圧力容器は厚さ15〜16センチの鋼鉄製ですから、かなりの圧力に耐えられます。ただし、圧力容器を貫通する配管はたくさんあるので、こうした貫通部から壊れていくことは十分にあり得ます。

　一方、格納容器は同じく鋼鉄製ですが、厚さは5センチほどです。設計圧力は5気圧弱ですが、8気圧程度までは耐えられます。ただし格納容器には人が出入りできるくらいのハッチや格納容器を貫通する配管があり、弱点になっています。

　貫通する配管は400カ所以上にも上ります。そのために格納容器が圧力を保てる境界を「格納容器圧力バウンダリー（境界）」と呼びます。

　圧力鍋の蓋を完全に密封して火にかけておくと、鍋は圧力に耐えられずに

破裂します。格納容器も同様です。アメリカでは実物の格納容器がどれくらいの圧力で破裂するか、という実験も行われました。今回の事故では高圧による格納容器の破損を防止するために、ベントという非常手段がとられました。

工学的には、「圧力」といっても、絶対的な圧力（「絶対圧」）より、圧力の差（「差圧」）の方が重要な場合があります。

例えば格納容器の中の絶対圧が5気圧でも、大気の圧力が1気圧なので、実際に格納容器にかかる圧力は5気圧から1気圧を引いた4気圧だけです。

事故報告書ではこれらを分けて記載していて、それが正しいのですが、わかりにくくなる欠点があります。この本で「圧力」という時は、ほとんど「差圧」を指し、とくに必要がある時だけ、「絶対圧」と書き添えることにします。

また事故報告書では圧力の単位として、メガパスカルが使われていますが、この本では「気圧」を使うことにしました。1気圧は正確には0.101325メガパスカルですが、0.1メガ・パスカルを1気圧としました。大切なことは私たちが「実感」をつかむことです。

三つ目のパラメータは「水位」です。原子炉圧力容器内の燃料は水に覆われている限りは、安定しています。しかしいったん燃料が水面から顔を出すと、極めて短時間に燃料の損傷が始まります。水位は燃料の健全性を保つうえで死活的な重要性を帯びています。

ほかにも、圧力容器の形状、体積、材質、構造、それに燃料の組成や燃焼度など様々なパラメータ（媒介変数）がありますが、まずは「温度」「圧力」「水位」に注目します。

次に注目していただきたいのは確率論的な考え方です。よく原発事故の確率は「100万年に1回をめざす」などと表現されます。原発の安全性を評価するために、確率論的な考え方が導入されたのは1970年代、ちょうどアメリカ・スリーマイル島原発事故の直前です。

まだ今日のようなコンピュータが普及していない時代に、原発の安全にかかわるすべての可能性を網羅的に抽出して、事故の確率を計算したのです。

プロジェクトをリードしたマサチューセッツ工科大学のノーマン・ラスムッセン教授にちなんで、「ラスムッセン報告」と呼ばれるレポートが公表された時は、賛否両論でしたが、奇しくも直後の1979年にスリーマイル島の原発事故が発生し、方法論としての有効性が確認されました。

確率論的な安全評価の本質は「イベント・ツリー」です。つまり一つ一つのイベントを、イエスかノーかでつないでいき、それぞれのイベントが起きる確率を掛け合わせて、全体の確率を計算します。

例えばサイコロで1の目が出る確率は6分の1ですので、二度続けて1の目が出る確率は36分の1です。同じように原発のある部品が1年以内に壊れる確率が1000分の1だとすると、この部品を2つ用意しておけば、1年以内に両方壊れる確率は100万分の1となり、安全性はぐっと増します。

確率論的な評価手法は、いまや「降水確率」だけでなく、地震や津波など広範囲の自然界現象にも適用されつつあります。ただし大切なことは「限界を忘れてはいけない」という点です。

限界のひとつは「不確実性」です。ひとつのイベントには確率の誤差があります。この誤差はツリーをたどって掛け合わされるうちに増幅されてしまいます。そして最後は、意味をなさない数字になってしまうことや、誤差の幅が極めて大きくなることがあります。

また一つのイベントが、ほかのイベントに関連する場合、計算は複雑化します。実際、日本原子力研究開発機構で原発の安全研究を行っているある研究者は、「確からしい数字になるように調整する」と話しています。

確率論のもう一つの限界は「不完全性」です。原発の確率論的な安全評価や解析コードでの事故解析では、例えばさきほどのシンプルなMAAPで150ほどのパラメータを使います。より詳細なMELCORという解析コードは、その4～5倍ほどのパラメータを利用します。しかし、それでもすべてのパラメータを考慮したことにはなりません。

また仮定するモデルによっても大きく変わります。つまり、どれほど精密なモデルを使って、パラメータの数を増やしても、現実を再現することは不可能なのです。

確率論的な手法は極めて有効ですが、限界をわきまえないと、あたかも計

算した値が現実であるかのように錯覚してしまいます。

　元原子力安全委員長で安全研究の草分けの一人である佐藤一男氏は、名著『原子力安全の論理』（日刊工業新聞社、1984年）で、「確率論的リスク評価の長所は、数学的な厳密さと、これに由来する演繹性にある。ということは、もし数学的に誤った使い方をすると、とんでもない結論が得られる危険があるということである」と警告しています。

　「現実」を理解するための「解析」が、いつのまにか「解析結果」に合わせるために、「現実」を捻じ曲げて解釈しているとしか思えないようなことがたくさんあります。確率論は使い方と限界を誤ると、大きな誤解を生みかねません。

　Sampsonという解析コードを開発した財団法人・エネルギー総合工学研究所の内藤正則部長は、2012年3月の原子力学会で、新たな解析コードを開発した理由について、「現時点で原発が大丈夫だというためのツールを作れ」と言われて開発したと述べています。科学的な態度とは全く相いれないことが、原子力の世界では行われています。確率論的な安全評価や解析コードを使った事故解析は、隠れ蓑として使われやすいことを、肝に銘じておく必要があります。

　降水確率がゼロでも、雨が降ることはある、ということを忘れてはなりません。

事故とは何だろうか？

　原子力ムラでは特殊な用語が使われます。例えば「老朽化」は「高経年化」と言い換えられます。また地下に溜まった「高レベル放射性廃液」を「たまり水」「滞留水」あるいは「汚染水」と言い換えます。

　格納容器を水で満たして冷却する方法を、チェルノブイリ原発事故の「石棺」にならって、メディアが「水棺」と呼んだところ、「冠水」と言い換えました。

　「原子」という言葉や「核」という言葉も原子力ムラの住人は大嫌いで、かつては「原子燃料サイクル」と呼ばれていたものを「核燃料サイクル」と言い換え、「核廃絶」などの運動が盛んになると、また「原子燃料サイクル」

に戻すといった手品を平気で繰り返します。

　そもそも「原発」という言葉も、つい最近までムラの用語ではありませんでした。「原発、原爆一字の違い」と反原発派から揶揄されたからです。

　テレビに頻繁に出演した国立大学のある専門家は、「メルトダウン」という言葉も、お気に召さないようで、次のように記者や政治家を揶揄しました。

　「メルトダウン（全炉心溶融）に明確な定義はない。それは以前も今も変わらない。メルトダウンなどと書き立てている記者、叫んでいるキャスターやコメンテーターもいるが、間違いである。全炉心溶融＝メルトダウンでは全くない。いい加減な言葉を弄んでは記者の名折れである。全炉心溶融は whole core melting というのである。（中略）原子力に〝めちゃめちゃ詳しい〟はずの菅総理はなぜこのような甘い認識がはびこるのを止めようとしないのか」

　ムラの専門用語しか認めようとしないかたくなな態度が、むしろおかしく感じられます。

　ムラの専門用語の最たるものは「事象」「事態」「事案」「不具合」といった言葉です。これらはほとんどのケースで「事故」あるいは「故障」「トラブル」と呼んで差し支えありません。

　原発に関する東電や政府の記者会見で、こうした言葉が出てきたら、必ず正しい日本語に置き換えてください。

　原子力安全・保安院は2011年4月18日、メルトダウンを含めた炉心の状況について、次のような定義を下しました。

炉心損傷：原子炉炉心の冷却が不十分な状態の継続や、炉心の異常な出力上昇により、炉心温度（燃料温度）が上昇することによって、相当量の燃料被覆管が損傷する状態。この時、燃料被覆管に閉じ込められていた、希ガス、ヨウ素が放出される。この場合燃料ペレットが溶融しているわけではない。

燃料ペレットの溶融：燃料集合体で構成される原子炉の炉心の冷却が不十分な状態が続き、あるいは炉心の異常な出力上昇により、炉心温度（燃料温度）が上昇し、燃料が溶融する状態に至ることをいう。この場合は燃料集合体及び燃料ペレットが溶融し、燃料集合体の形状は維持されない。

メルトダウン：燃料集合体が溶融した場合、燃料集合体の形状が維持できなくなり、溶融物が重力で原子炉の炉心下部へ落ちていく状態をいう。メルトダウンの規模については少量の場合から多量の場合によって原子炉圧力容器や格納容器との反応が異なる。多量の場合は原子炉圧力容器等を貫通することもあり得る。

メルトダウンと言っても、溶けた燃料がどのような状態でどこにとどまっているか判断するのは極めて困難です。というのも、圧力容器の中は燃料、制御棒、制御棒支持板を含めて、複雑な構造をしているうえ、燃料ペレットの溶け具合も温度、圧力などのパラメータによって、かなり異なるからです。

事実、スリーマイル島原発事故の後、圧力容器の中を覗いてみると、燃料は複雑な状態で溶けていました。複雑というのは、例えば燃料集合体の中心部では高い温度になるので、どろどろと溶けますが、外側や上部は水で冷やされて、セラミック状のペレットが残ります。これらが溶け落ちた制御棒、酸化したジルカロイ被覆管などと複雑に混じって塊になっていたのです。これを「デブリ」と呼びます。

さて事故の定義に戻ると、日本の安全指針では「重大事故」と「仮想事故」が定義されています。原発の立地のための「立地審査指針」に記述されています。

「重大事故」は「技術的見地からみて、最悪の場合には起こるかもしれないと考えられる」事故と定義されています。つまり起こりうる事故です。

一方、「仮想事故」は「重大事故を超えるような技術的見地からは起こるとは考えられない」事故、つまり起こりえない「仮想」の事故と定義されています。

「重大事故」も「仮想事故」も、配管の破断などを想定していますが、格納容器の破損までは想定していません。

では今回の福島第一原発事故はなんと呼ぶのでしょうか？

「仮想事故」を超える「過酷事故（シビア・アクシデント）」と呼ばれています。「過酷事故」は安全審査指針のどこにも定義されていません。「起こる

ことは考えられない事故」(仮想事故)をはるかに超えた事故が起きました。これは「想定外」でしょうか？

いえ、「起こりうることは必ず起きる」ということから考えると、起きて何の不思議もありませんでした。むしろ起こるべくして起こったのです。

事故の経過を探っていくと、日本の原発では真摯な安全対策をとられてこなかったことがよくわかります。そもそも「安全研究」さえタブーに近かったといいます。元原子力安全委員長の佐藤一男氏は「安全研究というだけで、批判された」と語っています。またメーカーのある技術者は、「安全研究は後ろ向きの研究で、無用に不安をあおり、国民のアクセプタンス（筆者注＝社会的な許容限度）を損なう研究だという空気があった」と述べています。

「絶対安全」だから「安全研究は必要ない」という無茶苦茶な論理が、日本の原子力政策をゆがめてしまったのです。

元日本原子力研究所の研究者で中央大学教授だった館野淳氏は、「日本の安全研究は、安全のための研究ではなく、どこまで安全を削れるかという研究だ」と批判します。

「安全」は「これでいい」と思った瞬間が事故の始まりです。有名な「ハインリッヒの法則」によると、1件の大事故には29件の「大事故につながりかねない事故」があり、その周りには300件の「ヒヤリ・ハット」があるといいます。

スリーマイル原発事故から教訓を汲み取ることなく、チェルノブイリ原発事故を「炉型が違うから日本では起きない」と高をくくってきたツケを、いま私たちは払わされているのです。

あまりにも大きすぎるツケですが……。

原子炉で何が起きたのか？

では原子炉の中で何が起きたのか、様々な報告書や研究者の分析結果をもとに振り返ってみます。先ほども述べたように、あまたの事故調査報告書が発表されましたが、いまだにどのような原因で何が起きたのか、確実にわかっていることは決して多くありません。

問題なのは「何が起きたか」、あるいは「なぜ起きたか」がわからないま

ま、安全基準や法律の改正がなされようとしていることです。これは全く本末転倒です。今回の事故は設計でカバーできる範囲を超えた「過酷事故」と言われています。いわば「想定外」というわけです。しかし、「想定」するのも人間です。そもそも「想定」が間違っていたのではないでしょうか。

「設計」に欠陥はなかったのか、規制機関が行う検査は適正に行われてきたのか、元となる安全設計審査指針は間違っていなかったか、建設・工事・運転・保守は適正に行われていたのか、きちんと検証すべきです。

技術的な問題については、原子力安全・保安院の主催で、「東京電力株式会社福島第一原子力発電所事故の技術的知見に関する意見聴取会」が開かれ、私もほぼ毎回傍聴しました。この種の会議としては比較的活発な議論が行われ、「中間とりまとめ」が公開されていますので、政府報告書、政府追加報告書、東電中間報告書、政府事故調中間報告書、民間事故調報告書と合わせて参考にしながら、「何がわかっていて、何がわからないのか」を明確にしていきたいと思います。

政府が2011年6月に国際原子力機関（IAEA）に提出した政府報告書は、地震発生直後の原発の状態について、次のように書かれています。

「2011年3月11日14時46分に発生した地震により、運転中であった福島第一原子力発電所1号機から3号機は全号機とも地震加速度大により自動停止した」

大変さらりと書かれていますが、実はたくさんの意味を含んでいます。まず「地震」ですが、「東北地方太平洋沖地震」と命名された地震は、三陸沖を震源としてマグニチュードは9.0、福島県の震度は6強という巨大地震でした。

「地震加速度大」とあるように、地震の揺れは「ガル」という単位の加速度で測定され、原子炉に一定以上の加速度がかかると、自動的に停止するように設計されています。

では「自動停止」はどのような仕組みで実行されるのでしょうか？

原子炉の運転は制御棒で行います。運転を始める時は、制御棒をゆっくりと引き抜いていきます。原子炉の中には火種となる中性子源が入っていて、制御棒を引き抜くに従って中性子が増えていき、やがて自発的に核分裂反応

が継続する「臨界」に達します。なおも制御棒を引き抜いて出力を100％まで上げていきます。

停止する時は逆に制御棒をゆっくりと挿入して、未臨界を達成します。

一方、「自動停止」は地震や配管の破断など、原子炉に緊急な事態が発生した時に働くシステムで、別名「スクラム」と呼ばれています。

今回は地震の大きな加速度を感知したセンサーから信号が発せられ、すべての制御棒が短時間で挿入されました。これにより核分裂反応はほぼ瞬時に止まりました。

沸騰水型原子炉（BWR）では、制御棒は座薬のように、原子炉の下から上に水圧で挿入されます。加圧水型（PWR）では制御棒は上から挿入されますが、BWRは重い金属の制御棒を水圧で下から重力に逆らって挿入しなければならず、BWRの弱点の一つと言われています。

制御棒を駆動する装置は非常にデリケートです。東電で勤務経験のある蓮池透さんによると、調整が最も難しい機器の一つだそうです。

実際、制御棒の引き抜き事故はたくさん起こっています。とくに1978年福島第一原発3号機で起きた制御棒引き抜き事故では、定期点検中に5本の制御棒が抜けて臨界となり、運転員が気づかないまま7時間半にわたって臨界が続きました。

また1999年には北陸電力志賀原発一号機で定期点検中に制御棒3本が引き抜け、同様に臨界となりました。

さらに2008年には東北電力女川原発1号機で、定期点検中に制御棒がなんと8本も引き抜ける事故が起きています。制御棒の引き抜き事故はわかっているだけで、10件以上発生しています。

一方、事故を起こした福島第一原発3号機は2009年3月と4月に連続して、定期点検中に制御棒の「過挿入」、つまり突っ込みすぎの事故を起こしています。

今回、1号機から3号機までが、地震の加速度によって自動停止したのは、本当にラッキーでした。

地震の加速度は2007年の中越地震より小さかったものの、揺れの時間は、およそ3分と長い時間続きました。制御棒の挿入は非常にデリケートです。

なにしろ燃料集合体が密に詰まっているところに、全長4メートルもある制御棒を差し込まなければなりません。

　しかも地震の揺れで、燃料や制御棒が曲がったり、たわんだりする可能性があります。今回のように振動が長く続くと、共振する部分ができて、たわみが拡大する可能性もあります。

　事実、2007年の中越地震では、東電柏崎刈羽（かしわざきかりわ）原発7号機の制御棒1本が引き抜けなくなる事故が起きています。

　原子力安全基盤機構（JNES）は、地震動によって制御棒が挿入できなくなるような状況になるまでには、まだかなりの余裕があったとの分析を行っていますが、それは机上の計算です。実際に何が起きるかは、現実に直面してみなければわかりません。

　報告書にある「地震加速度大により自動停止した」という表現の裏には、このようなリスクがあったのです。

　では「自動停止」ができないとどうなるのでしょうか？

　制御棒が挿入されないと臨界、つまり自発的な核分裂が続きます。原子炉の停止には、制御棒だけでなく、中性子を吸収するホウ酸水の注入という手段も用意されています。しかし、今回の事故のように、電源がなくなったら注入はできません。

　もし原子炉の運転が自動停止できず、なおかつ電源を失うと、原子炉は臨界を継続したまま制御不能となります。いわゆる「反応度事故」と呼ばれる核の暴走事故につながります。核分裂の膨大な熱により、圧力容器は破られ、格納容器も破られ、水素爆発や水蒸気爆発を繰り返して、核分裂生成物を大量に放出する……。まさにチェルノブイリの悪夢が再現されかねません。

　重ね重ね、自動停止が成功したことは本当にラッキーでした。緊急時の自動停止はそれほど危ういのです。

メルトダウンと再臨界

　テレビで解説をしていると、思わぬ言葉を発してしまうことや、誤った表現をしてしまうことがあります。私は3月14日に起きた3号機水素爆発の

時に、リアルタイムの解説で、水素爆発を水蒸気爆発と言い間違えました。

「再臨界」という言葉も、いつどのような流れで使ったのか全く覚えていませんが、ニュース解説で使ったようです。知人からの指摘で知りました。「お前『再臨界』と言ったけど、根拠はあるのか？」と。

事故の初動で、なぜ私が「再臨界」という言葉を使ったのか覚えていませんが、おそらく当初から「再臨界」への恐怖があったのだと思います。

原子力工学の本を繙いてみると、「再臨界」の確率は極めて低いことがわかります。たいていの本や解説では、たとえメルトダウンを起こしても、燃料は格納容器の中にとどまり、再臨界の可能性はほとんどないと書いてあります。

臨界の条件は３つです。まず核燃料が一定量存在すること、それらが臨界を起こしやすい特殊な配置をとること、そして水が存在することです。

原発でこの条件がそろうのは、当然原子炉の中です。制御棒を引き抜けば臨界に達します。しかしメルトダウンを起こした原子炉の中で果たして条件がそろうのはどんな時なのか、当初私は正確に把握することができませんでした。

頭の中にあったのは次の二つのケースです。

ひとつは溶融燃料が圧力容器の底に溜まって特殊な配置をとり、そこに水が注がれるケースです。ただし、燃料と一緒に制御棒も溶融するはずですから、「再臨界」が起きる確率は極めて低いと直感しました。

もうひとつのケースは、メルトダウンの途中で制御棒が先に溶融して、燃料ペレットだけがそのままの形で残るケースです。これは制御棒の引き抜きと同じですので、再臨界の可能性があります。

もちろん制御棒が溶融すれば、被覆管のジルカロイも溶融するか酸化してしまうので、ペレットだけがそのままの形で残る確率は極めて低いのですが、突き詰めて考えると不可能ではありません。（使用済燃料の問題は後ほど検討します。）

事故直後の３月14日から15日にかけて、敷地の中のモニタリングで中性子が検出されました。原子炉の中での再臨界や、使用済燃料プールでの再臨界が疑われました。４月13日の原子力安全基盤機構（JNES）の報告では、

中性子の検出はベントによって放出された核種による自発核分裂（自発核分裂は臨界とは全く異なった物理現象で、キュリウムなどの不安定な核物質が、中性子がなくても自然に核分裂を起こす現象）の可能性が高く、原子炉やプールでの再臨界の可能性は「ほとんどない」との結論でしたが、再臨界が疑われたことは間違いありません。

　2011年3月26日、東電は2号機タービン建屋の地下にあるたまり水を分析したところ、ヨウ素134が1ccあたり29億ベクレル検出されたと発表しました。私たちは「えっ！」と腰を抜かしました。というのも、ヨウ素134の半減期は約50分です。事故が起きてから2週間以上たって、これだけ高濃度のヨウ素134が検出されたということは、どこかで「再臨界」が起きてヨウ素134が再生産されていると考えざるを得ないからです。

　専門家の意見も同様でした。NHKに出演していた関村直人東京大学大学院工学系研究科教授もさすがに、「重大な事態だ」と述べました。

　ことの重大さに驚いたのでしょう。原子力安全委員会の指示で、東電が再度、採取・分析したところほかの物質と間違えた可能性があることがわかりました。私たちも胸をなでおろしましたが、これほど重要な分析でミスを犯し、それを何の疑問も持たずに発表する東電の体質に、改めて驚かされました。幸い再臨界は起きていませんでした。

　2011年11月2日、今度は東電が2号機の原子炉で溶けた燃料が核分裂反応を起こしている疑いがあると発表、核反応を抑えるためにホウ酸水を注入しました。東電は10月28日に格納容器の中の気体を採取して分析しましたが、その中に放射性のキセノン133とキセノン135が見つかったのです。

　キセノン133は半減期5日、キセノン135は半減期9時間程度で、いずれも核分裂生成物なので、検出されたとすれば事故当初のものとは考えにくく、原子炉内のどこかで「再臨界」が起きている可能性があると指摘されました。

　東電の松本純一立地本部長代理は記者会見で、「一時的に小規模な臨界状態になった可能性は否定できない。しかし、原子炉の温度、圧力の急な上昇は見られないので、大規模な臨界ではないと思う」と述べましたが、「小規

模な臨界なら安全」と言わんばかりの感覚には驚かされました。

　心ある原子力関係者なら「絶対に臨界を起こしてはならない」と言うだろうと期待していましたから……。

　東電は翌日、再臨界を否定しました。その理由として、検出されたキセノンが極めて微量であること、それにホウ酸水を注入してもキセノンの発生量が変わらないことの二点を上げています。もし再臨界ならば、はるかに大量のキセノンが発生するし、ホウ酸注入の影響も受けるはずだというわけです。東電はまたキセノン発生の原因について、「自発核分裂」によると結論付けました。

　東電は現在までたびたび原子炉にホウ酸水を注入していますので、おそらく今でも再臨界の懸念を持っているのだろうと想像します。原子炉の中の溶融燃料がどのような形をとっているのか、現在のところ全くわかっていません。また今後、地震などで溶融燃料の配置が変わるかもしれず、再臨界の可能性が絶対にゼロとは言い切れません。わからない限り安全サイドで対策を打っていくしかないのです。

　これからも再臨界の恐怖におびえ続けることになります。「事故収束」という言葉がいかにむなしいか、おわかりいただけると思います。

事故矮小化の論理と倫理

　当事者も規制機関も、そして専門家も、事故を矮小化、あるいは過小評価する傾向があることは前にも述べましたが、その端的な例が国際原子力事象評価尺度（INES）に基づく評価です。原発事故は国境を越えて被害が広がる可能性があることから、規制当局は1週間以内に国際的な尺度に従って、事故の評価レベルを明らかにしなければなりません。

　INESの尺度は主に二つの点から評価されます。ひとつは環境に放出された放射能の量です。外部にヨウ素131に換算して、数万テラベクレル以上の放射性物質が放出されると、最高のレベル7に分類されます。

　もうひとつは原発の状態です。原子炉圧力容器や格納容器が破壊されて、再建不可能となるとレベル7と評価されます。

　例えば1986年のチェルノブイリ原発事故は520万テラベクレル（5.2×

原発事故の国際評価尺度

レベル	分類	内容	事例
7	事故	深刻な事故	チェルノブイリ原発事故（1986年 旧ソ連）／福島第1原発事故（2011年 日本）
6	事故	大事故	
5	事故	事業所外へリスクを伴う事故	スリーマイル島原発事故（1979年 アメリカ）
4	事故	事業所外への大きなリスクを伴わない事故	東海村JCO臨界事故（1999年 日本）
3	異常事象	重大な異常事象	
2	異常事象	異常事象	美浜原発2号機蒸気発生器伝熱管破損事故（1995年 日本）
1	異常事象	逸脱	高速増殖炉「もんじゅ」ナトリウム漏れ火災事故（1995年 日本）
0		尺度以下	

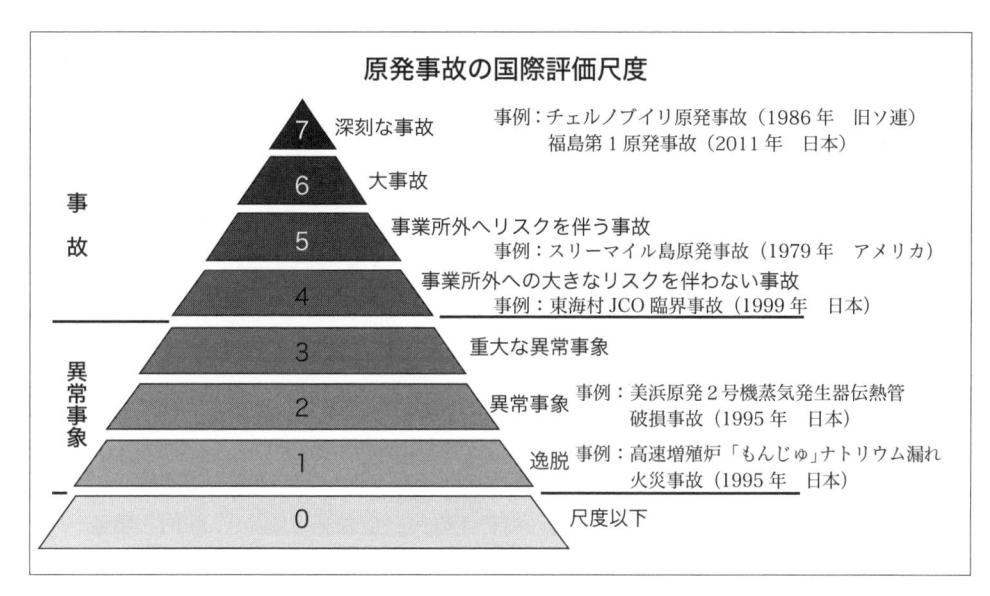

10の18乗）という膨大な放射能を放出したので、福島第一原発事故までは原子力開発史上ただひとつレベル7の汚名を背負っていました。

　一方アメリカのスリーマイル島原発事故（TMI）は、メルトダウンを起こしたものの、放射能は希ガスと少量のヨウ素が放出されただけでしたので、レベル5と評価されています。

　今回の福島第一原発事故で原子力安全・保安院は、まず3月12日夜の記者会見で、「暫定的にはレベル4」との見方を示しました。12日午後3時36分、1号機は水素爆発を起こしましたが、保安院の見方は「事業所外への大きなリスクを伴わない事故」との認識でした。すでに放射性物質が大量に飛散していることはモニタリングのデータなどからも明らかでしたが、「放射性物質の放出」は「少量」（下線筆者）と判断したことになります。

　ところがこの時、海外の研究機関はこぞってすでにレベル6以上の評価を下していました。

　まずアメリカエネルギー省（DOE）のスティーブン・チュー長官は3月16日、「炉心が部分的に溶けていて、危機的な状況だ。TMI事故より深刻だ」と述べました。TMI事故より深刻だということは、レベル5以上だとの判断です。

　またフランス原子力安全局ASN（Autorite de surete nucleaire）のアンドレ・クロード・ラコスト局長はもっとはっきりと、「レベル6を超えてい

ることは明らかだ」と述べました。

さらにアメリカの著名なシンクタンクである科学国際安全保障研究所（ISIS:Institute for science and international security）は、「現在はレベル6である。レベル7に達する可能性がある」との声明を発表しました。

事故発生7日後の2011年3月18日になって、保安院は「暫定評価はレベル5である」と発表しました。レベル5は「事業所外」つまり周辺へのリスクを伴う事故ですが、「放射性物質は限定的な放出にとどまる」（下線筆者）と依然判断していました。

その根拠は、原子力安全基盤機構（JNES）が3月17日に原子力安全・保安院に送ったレポートがもとになっています。レポートには、「今回の事象では、炉心インベントリー（筆者注＝炉心の全放射能）の数％以上の放射性物質の燃料集合体からの放出となっており、INES（筆者注＝国際原子力事象評価尺度）レベルは5となる」と書かれています。

この時すでに、1号機、3号機の水素爆発に続いて、4号機が水素爆発、さらに3号機と4号機の使用済燃料プールの水温が上がり、放水がようやく始まったところでしたが、保安院にはまだレベル6以上の「大事故」という認識がなかったことになります。

結局1カ月後の4月12日になってレベル7、つまりチェルノブイリ級の事故であることを認めました。渋々認めたといってもいいくらいです。レベル7と発表しながら、それでもチェルノブイリ原発事故に比べていかに小さいか、強調し続けたのです。

当時、保安院の広報を担当していた西山英彦審議官は次のように述べています。

「チェルノブイリでは29人が急性被ばくで死亡しましたが、福島ではありません。またチェルノブイリでは原子炉そのものが爆発して、大量の放射能が放出されましたが、福島では屋根が吹き飛ばされたものの、格納容器は原型をとどめました」

INES（国際原子力事象評価尺度）ではレベル7を「深刻な事故」と位置付けています。原子炉や格納容器が破壊され、数万テラベクレル以上の放射性物質が外部に放出され、周辺住民や環境に大きな影響を与える深刻な事態な

のです。そしてそれが福島で起きたことです。

確かに福島ではチェルノブイリと違って、原子炉本体が吹き飛んでしまう事態には至りませんでした。放射能の急性障害による死者も幸いなことにありませんでした。

しかし、1号機から3号機の3つの原子炉と、1号機から4号機の4つの使用済燃料が同時に危機に陥るという複合的な事故である点で、チェルノブイリでも経験したことのない事故でした。しかも事故はいまだに終わっていません。

また放出された放射性物質の量について保安院は、「チェルノブイリに比べて10％程度にすぎない」と強調しましたが、まさに「目くそ鼻くそを笑う」とはこのことでしょう。

首相官邸のホームページには、「福島第一原発事故『レベル7』の意味について」というページに、次のようなQ&A (http://www.kantei.go.jp/saigai/faq/20110412genpatsu_faq.html) が載っています（下線筆者）。

Q：チェルノブイリと同じ深刻度の事故ということですか？
A：違います。
　　事故発生以来の放射性物質の総放出量で比較すると、現時点で、今回の事故はチェルノブイリ事故の時の約10分の1です。ただ、原子力施設事故の指標として用いられる「INES評価」という物差しでは、レベル分けは「7」までしか分類がないため、福島もその10倍のチェルノブイリと同じランクに入ってしまうということです。

「分類がないからチェルノブイリと同じレベルに入れられた。けしからん」と言わんばかりです。

事実、細野豪志原発事故担当大臣は6月23日の記者会見で、INES（国際原子力事象評価尺度）の見直しを求める動きについて、「チェルノブイリの事故の場合はかなりの数の死者が出ており、そういった意味で福島とは質的に異なる部分がある」と述べたうえで、「ある関係者から、もう少しきめ細かく分けた方がいいのではないかという発言があった」と述べています。

チェルノブイリをレベル8に「格上げ」して、福島の事故評価を相対的に下げたいとの強い願望がありありと見てとれます。

事業者や規制機関、それに政府が事故を小さく見せる論理は、ある意味で当たり前かもしれません。しかし、安全の最後の砦である原子力安全委員会までがこれに加担しているとしたらどうでしょうか。

原子力安全委員会は3月23日に、緊急時の放射能影響予測システム（SPEEDI）のデータを一部公表しました。その過程で実際に観測したデータと予測のデータを突き合わせて、原発から放出された放射能の量を逆算していました。つまり原子力安全委員会は、放出された放射能の量をほぼ把握していて、レベル7の可能性があることを知っていましたが、公表しないどころか、保安院に対して何の助言も行いませんでした。当時の記者会見ではこんなやりとりが記録されています。（下線筆者）

記者　線量評価をしている中で、INESについて保安院に勧告できたのではないでしょうか？

安全委　<u>安全委がINESについて保安院に勧告しなければならないとは思っていません。</u>INESの評価がなんであろうが、対応が変わるなら申し上げますが、対応は変わりません。

記者　安全委員会としては放射性物質の放出量がレベル7をこえるという認識はありましたか？

安全委　「認識」について議論したことはありませんが、先ほどの発表（放出量のデータ）の前から、3月23日にこのデータに近いものを発表する時には持っていました。ですから<u>レベル7にいく可能性は高いという思いはありました。</u>

記者　つまり3月23日の時点でかなり高いという認識を持っていたのですね？

安全委　そうですね。そうです。それより早かったかもしれないですが、オーダーとしては10の17乗（数十万テラベクレル）のところに来る可能性があるということは……。

記者 安全委の役割として、INESの基準に言及することは範疇でないと……？

安全委 INESを判断するのは保安院と決まっているので、私たちがどうこう言う立場ではありません。

記者 それでは日本の原子力安全に国際的に不信感を持たれるのではないでしょうか？

安全委 最初のデータを見た時からどう判断されるかということです。3月11日からいうと16か17日に、まだ上がるかもしれないという時に判断しました。まだSPEEDIを使った逆算に着手したばかりの時です。だから17、18日あたりで見解を求められても、その時点で10の17乗（の放射能）とは言えませんでした。

記者 それ以降にでも見解を求められれば言えたが、求められなかったから言わなかったと……？

安全委 安全委として話をすると、私たちが逆算を先に出して本当にいいものかということです。炉のデータそのものは保安院の方がはるかにたくさん持っています。そこが判断すべきです。

今回の福島第一原発事故で原子力安全委員会は一貫して、「聞かれないことは答えないし助言も勧告もしない、ましてや公表もしない」という態度を貫きました。どんなに危険が迫っていても、原子力安全委員会が、私たちに警告を発することはありません。それが原子力安全委員会の「役割」だそうです。このことは肝に銘じておく必要があります。

事業者も規制機関も政府も、そして原子力安全委員会までもが、事故の矮小化、過小評価にまい進しました。国際的に信頼を失墜させただけではありません。原子力防災の観点からも大きな問題です。いや、これでは原子力防災は成り立ちません。防災は正確な現状認識を前提にしなければ成り立たないからです。この問題は原子力防災を論じる時に再度取り上げます。

政府や行政の情報を信じない人が60％に上る不幸な事態は、間違いなく原因が政府・行政の側にあります。私たち市民は事故が起きた時には、むしろ事故を「過大評価」しながら、行動しなければなりません。

電源喪失は世界最悪のブラックジョーク

私は1952年生まれです。子どものころにはテレビさえなく、ラジオで少年時代を過ごした世代です。子どものころはよく停電がありました。何の前触れもなく電気が切れてしまうことがありましたし、雷で停電することもしばしばでした。大好きなラジオドラマ「赤胴鈴之介」の途中で停電した時の失望感を今でも忘れません。

おそらく今の若い皆さんは停電を経験したことがないでしょう。日本の送電ネットワークは、その後急速に発展し、世界でトップクラスの信頼性を確立しました。まさに日本の経済発展を支えてきたといえます。

福島第一原発事故では、世界に誇る送電ネットワークが途絶えてしまいました。その結果、電気を作る原発が、電気を喪失して大惨事に至るという、世界最悪のブラックジョークが現実となりました。

東電の事故報告書を読むと、想定外の地震と津波にすべての原因を求めようとしています。つまり想定外の自然災害によるものだと主張しています。しかし今回の事故の本質は、電源喪失です。原因が地震、津波などの外部的な要因であれ、機械の故障やヒューマンエラーなどの内部的な要因であれ、全交流電源の喪失という事態に対する備えができているかだけが問題でした。

元原子力安全委員長の佐藤一男氏は、「日本の送電ネットワークはアメリカと比べても、一桁安全性が高いのです。日本ではニューヨークで起きたような、長時間の停電はほとんど起こらなかったでしょう」と言っています。

確かに近年東京で長時間の停電を経験したことはありません。しかし、現実には地震と津波に対して、極めて脆弱なことが明らかになりました。しかも原発の周辺ばかりが……。

今回の地震の影響範囲にある東北電力東通(ひがしどおり)原発、女川(おながわ)原発、東京電力福島第一原発、福島第二原発、それに日本原電東海第二原発に電源を供給している外部電源22回線のうち、生き残ったのは女川と東海第二の計3回線だけでした。東電福島第一原発では7回線の受電系統すべてがダウンしました。

Ⅱ　原発はなぜ爆発したか

　しかも不幸なことに、沸騰水型軽水炉は全交流電源喪失に極めて脆弱であるということは、アメリカでスリーマイル島原発事故（TMI）のあとに行われた確率論的安全評価で、すでに指摘されていました。NUREG-1150と呼ばれる研究では、異なった形式の5基の原発を対象として、過酷事故が起きるシーケンス（事故進行のプロセス）を検証しました。3基は加圧水型（PWR）、2基は福島第一原発と同じ沸騰水型（BWR）でした。
　その結果、2基の沸騰水型について、炉心損傷に寄与する要因は、全交流電源喪失が圧倒的に大きいことがわかりました。
　これらの結果は1990年にすでに公表されています。ちなみに、加圧水型3基では、2基が大規模な配管の破断、1基が全交流電源喪失でした。
　日本でも全交流電源喪失の検討が行われましたが、結果は、「わが国では外部電源及び非常用ディーゼル発電機の信頼性が高く、SBO（全交流電源喪失）耐久能力は（中略）米国NRC（原子力規制委員会）のSBO規則を満たしている」として、何の対策も取られませんでした。
　それどころか日本の安全審査指針には電源喪失について、次のように書かれています（下線筆者）。

「発電用軽水型原子炉施設に関する安全設計審査指針」
　指針27　電源喪失に対する設計上の考慮
　原子炉施設は、短時間の全交流動力電源喪失に対して、原子炉を安全に停止し、かつ、停止後の冷却を確保できる設計であること。

　この指針には解説がついていて、指針27の解説には次のように書かれています（下線筆者）。
　指針27　電源喪失に対する設計上の考慮
　長期間にわたる全交流動力電源喪失は、送電線の復旧又は非常用交流電源設備の修復が期待できるので考慮する必要はない。
　非常用交流電源設備の信頼度が、系統構成又は運用（常に稼働状態にしておくこと）などにより、十分高い場合においては、設計上全交流動力電源喪失を想定しなくてもよい。

では指針27の「短時間」とは何時間でしょうか？

実はたったの30分です。

なぜ30分なのでしょうか？

それは「慣行」です。1977年からの「慣行」であり、何の根拠もありません。

原子力安全委員会の文書には次のように書かれています（下線筆者）。

「昭和52年以後、原子炉施設の安全審査においては、<u>"短時間"とは30分間以下のことであると共通的に解釈する慣行がとられてきたため、指針27の要求は、30分間のSBO時に冷却機能を維持するために十分な蓄電池の容量等への要求と解釈されている</u>」

つまり指針27の意味するところは、30分以上の全交流電源喪失は、想定しなくてよいということです。しかも根拠なく……。

また系統構成や運用によっては30分の電源喪失すら「想定」する必要はないとさえ書いてあります。

想像力を働かせてみてください。なぜ日本では停電が起きず、仮に起きても30分以内に復旧するのでしょうか？　わずか30分です。

原子力安全委員会の文書（「指針27．電源喪失に対する設計上の考慮」を中心とした全交流電源喪失に関する検討報告書）にはまた次のように書かれています（下線筆者）。

「過去の安全審査においては"短時間"を30分間と解釈する審査慣行の根拠や、長時間のSBOの考慮が不要とされていることの根拠について、<u>繰り返し質問されているが、この審査慣行や指針の妥当性が強く疑問視されるには至らなかった</u>」（2011年9月8日）

"30分"という慣行に疑問を投げかけた専門家が少なくともいたようですが、指針27の「妥当性」が「疑問視」されることはなかったと記されています。

これが原子力の安全をダブルチェックするはずの原子力安全委員会の姿です。原子力安全委員会とその下部組織の委員は、大半が著名な学者・研究者です。原子力に限っては、研究者の「良心」は存在しないのでしょうか

……？

　さらに驚いたことに、原子力安全委員会の作業部会は1993年、全交流電源喪失への対策が議論になった時、こともあろうに電力会社の委員に、30分以上の長時間にわたる電源喪失を考慮する必要がない理由を「作文してください」と指示していました（2012年6月5日各紙）。

　本当に驚くことばかりです。

　指針27の「短時間」という規定について、当の斑目原子力安全委員長はインタビューで、「知らなかった」と答えました。「なぜ知らなかったのか？」という質問に対して、「指針は読み飛ばしていた」とも答えました。

　事業者は指針に書いてあることしか実行しません。その指針がこのレベルで、しかも当の原子力安全委員長が読み飛ばしていたのでは、到底ダブルチェックなどできるはずはありません。これが日本の原子力安全行政の真の姿です。

　アメリカでは2001年の9.11同時多発テロ以降、電源喪失に対して「B.5.b」というさらに厳しい安全規制を課してきましたが、日本では何の対策も打たれませんでした。B.5.bについては、原子力安全・保安院は情報を入手していましたが、電気事業者には伝わらなかったとされています。

　東電は2012年12月14日の原子力改革監視委員会で、「B.5.bはどうしたら知りえたのか？」という資料を配布、「注意深く海外の安全対策の動向を調査していれば、気づくことができた可能性があった」としています。

　「幾重にも無意識の目を通り過ぎた」そうですが、私は東電がB.5.bの存在についても知っていたと、ほぼ確信しています。東電はアメリカの動向を、エージェントを使って逐一チェックしています。B.5.bについては、アメリカやヨーロッパで、たくさんのレポートも出ており、東電が「知らぬ存ぜぬ」であるはずがありません。

　ちなみに日本ではこの30年間に10回の外部電源喪失事故が起きています。原因は台風、落雷、風雪、地震などの自然現象だけでなく、送電線の事故や人為的ミスによっても発生しています。

　では事故はどのような経過をたどったのか、大きな流れを見てみましょう。

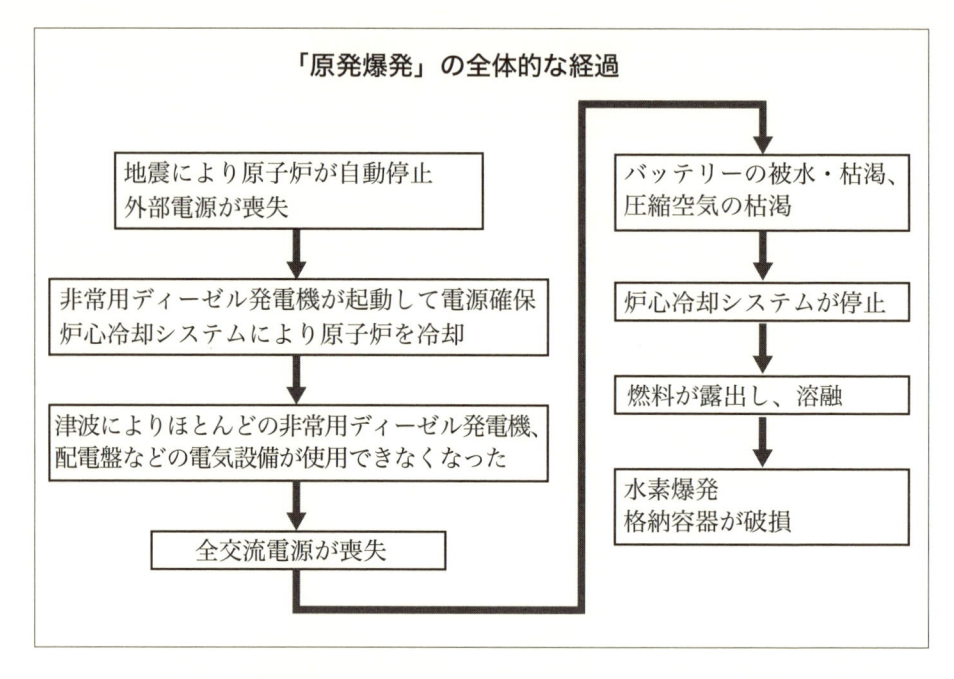

```
┌─────────────────────────────────────────────────────────────┐
│              「原発爆発」の全体的な経過                      │
│                                                              │
│   ┌──────────────────────┐      ┌──────────────────────┐   │
│   │ 地震により原子炉が自動停止 │      │ バッテリーの被水・枯渇、│   │
│   │ 外部電源が喪失         │      │ 圧縮空気の枯渇        │   │
│   └──────────┬───────────┘      └──────────┬───────────┘   │
│              ↓                              ↓                │
│   ┌──────────────────────┐      ┌──────────────────────┐   │
│   │ 非常用ディーゼル発電機が起動して電源確保│ │ 炉心冷却システムが停止│   │
│   │ 炉心冷却システムにより原子炉を冷却│    └──────────┬───────────┘   │
│   └──────────┬───────────┘                 ↓                │
│              ↓                   ┌──────────────────────┐   │
│   ┌──────────────────────┐      │ 燃料が露出し、溶融     │   │
│   │ 津波によりほとんどの非常用ディーゼル発電機、│ └──────────┬───────────┘   │
│   │ 配電盤などの電気設備が使用できなくなった│             ↓                │
│   └──────────┬───────────┘      ┌──────────────────────┐   │
│              ↓                   │ 水素爆発              │   │
│   ┌──────────────────────┐      │ 格納容器が破損         │   │
│   │ 全交流電源が喪失        │─────→└──────────────────────┘   │
│   └──────────────────────┘                                  │
└─────────────────────────────────────────────────────────────┘
```

　3月11日、地震発生により原子炉は緊急停止しました。制御棒が全挿入され、電気を起こすタービンへ蒸気を送る配管が、隔離弁（主蒸気隔離弁）によって閉じられました。→**原子炉自動停止**

　同時に電気設備の損傷などで福島第一原発に電気を供給している受電系統7回線のすべてが受電を停止しました。→**外部電源喪失**

　外部電源の喪失と同時に、非常用のディーゼル発電機が起動しました。非常用ディーゼル発電機は1基の原子炉に対して2台用意されています。

　地震発生からおよそ50分後、今度は巨大な津波が襲いました。津波によって、非常用ディーゼル発電機だけでなく、発電機を冷却するためのポンプなど、電気を各機器に供給する配電盤、それに直流の蓄電池などがほとんど水没したり、水につかって機能しなくなりました。所内の電源は一部を除いて喪失しました。→**完全電源喪失**

　津波によって冷却用のポンプ類が機能を喪失、電源が失われたことで冷却機能を喪失しました。→**冷却機能喪失**

　原子炉圧力容器の中の水位が下がり、炉心が露出し、損傷しました。炉心はやがてメルトダウンし、大量の水素が発生しました。→**炉心損傷・溶融**

　次に、高温により原子炉圧力容器が破損しました。→**圧力容器の破損**

外部電源の喪失

新福島変電所

27万5000キロボルト　　　　　　　6万6000キロボルト

東北電力原子力線／大熊線1／大熊線2／大熊線3（工事中で使用不可）／大熊線4／夜の森線1／夜の森線2

1・2・3・4号機　　　　　　5・6号機

ケーブル不具合

福島第一原子力発電所

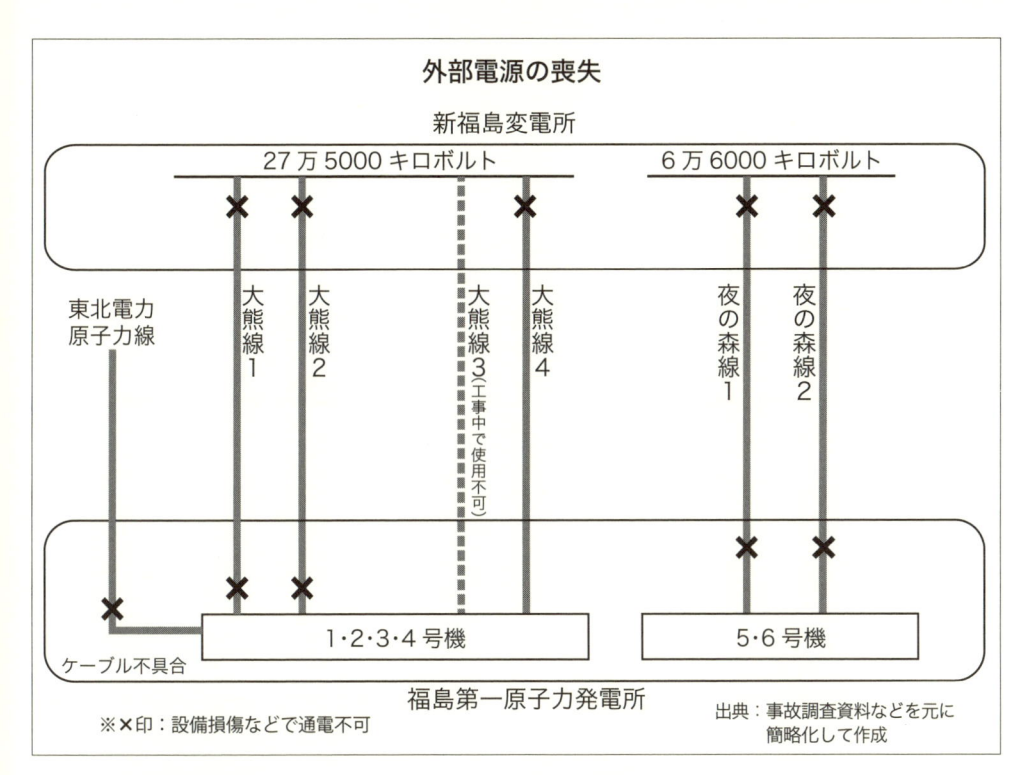

※✕印：設備損傷などで通電不可　　　出典：事故調査資料などを元に簡略化して作成

水素は格納容器から漏えいし、ついに建屋で爆発を起こし、大量の放射性物質が環境中に放出されました。→**水素爆発、放射性物質の放出**

また最後の砦である格納容器も破損しました。→**格納容器破損**

このように事故の流れは疑いもなく、外部電源の喪失から始まっています。ではなぜ外部電源の喪失に至ったのでしょうか？

福島第一原発には、新福島変電所から7本の回線で電気が供給されていました。大熊線1～4の4本と、夜の森線1～2、それに東北電力からの東電原子力線の7本です。

このうち大熊線1～4は1号機から4号機まで、夜の森線1・2は5・6号機に接続されていました。1～4号機は同じ電力の母線がつながっていて、電気を融通することができます。5・6号機も同様です。しかし、1～4号機のグループと5・6号機のグループは、電気を融通するシステムにはなっていませんでした。また大熊線3は工事中で、もともと使えませんでした。

原子力発電所の送受電概念図

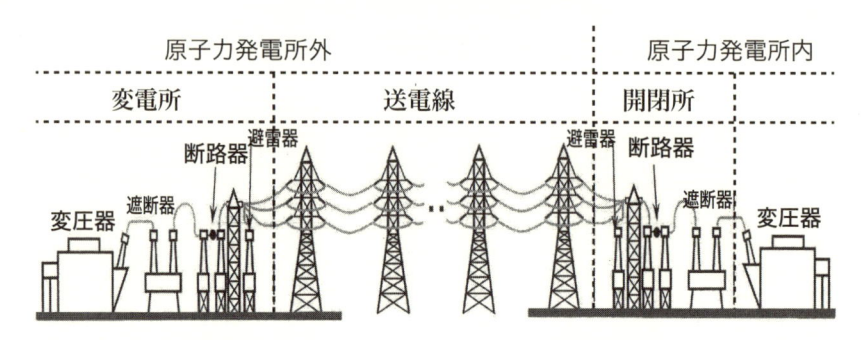

原子力発電所外 ｜ 原子力発電所内

変電所 ｜ 送電線 ｜ 開閉所

避雷器・断路器・遮断器・変圧器／避雷器・断路器・遮断器・変圧器

出典：「東京電力株式会社福島第一原子力発電所事故の技術的知見について〈図表集〉」
(http://www.meti.go.jp/press/2011/02/20120216004/20120216004-4.pdf) を元に作成

　当初取材している私たちも、外部電源の喪失は、地震によって鉄塔がバタバタと倒れて、電源が確保できなくなったのかと思っていました。しかし実は福島第一原発事故に関連する鉄塔で倒れたのは1本だけで、それも鉄塔が倒れたのではなく、盛り土が崩れたのでした。日本には5万8000本の鉄塔があるそうですが、鉄塔の信頼性は極めて高いのです。
　外部電源喪失の最大の原因は、電気を受ける側、つまり原子力発電所の受電側に問題があったからです。

　使用できる6つの回線のうち、大熊線1・2は受電用の遮断機が壊れて使えなくなりました。一方、大熊線4は新福島変電所側で、電線が地震で鉄塔に接触してショートしたため使えなくなりました。大熊線3は工事中で使えませんでした。東電原子力線は発電所内のケーブルが合わず使えませんでした。
　夜の森線1・2は盛り土の崩落で発電所内にある鉄塔が倒壊して使えなくなりました。
　このように地震という単一の原因で、外部電源がすべて使えなくなるという不幸な事態でした。
　では7回線がすべて使えなくなる事態は防げなかったのでしょうか？
　私は原子力発電所では、特別に作られた高度に安全・確実な機器だけが使われているのだろうと想像していましたが、実際はそうではありませんでした。技術的知見に関する意見聴取会で明らかにされた事実は、原発に電気を

送る設備には、必ずしも最も信頼性の高い機器が使われているわけではないということです。

安全審査指針にも書いてありますが、外部電源にかかわる設備は、「一般の産業施設と同等以上の信頼性」が確保できればよいとされています。その結果、実はなんら特別な対策はとられていないのです。むしろ通常より脆弱な遮断機や断路機が使われていたケースもあります。

一方、所内の電源設備の被害はもっと深刻です。所内の非常用電源の要は非常用ディーゼル発電機（D/G）です。ディーゼル発電機は軽油という燃料がなければ動きません。燃料タンクが必要です。また大量の熱を発生するので、冷却してやらなければなりません。海水を汲みあげるポンプが必要です。

起動時には直流電源も必要です。D/G で作った電気を原子炉の安全系の機器に供給するには、配電盤など一連の電気設備が必要です。

つまり D/G を稼働させるためにはたくさんの周辺設備が必要なのですが、これらが津波で流されたりして、機能を喪失してしまいました。

D/G は 1 から 6 号機まで、それぞれ 2 台ずつ配備されており、大半はタービン建屋の地下に置かれていました。ほかの原発では D/G は構造的に強い原子炉建屋に置かれているのですが、福島第一では弱いタービン建屋に置かれていました。

なぜこれが放置されたのか、実に不可解です。1 号機の建設にかかわった元東電副社長の豊田正敏氏は、「なぜ D/G をタービン建屋に置いたままにしておいたのか、経営陣がコストのかかることを嫌ったせいではないか」と語っています。

一方、2 号機と 4 号機の空冷 D/G だけは共用建屋の 1 階に、また 6 号機の空冷 D/G は水密性・耐震性の高い原子炉建屋に置かれていました。そしてこの 3 機の D/G だけが生き残りました。

2 号機 4 号機の生き残った D/G も、配電盤などが水につかって機能を失ったことから、結局、電気を供給できたのは 6 号機の 1 台だけでした。そしてその 1 台が 5 号機、6 号機をメルトダウンから救いました。6 号機では非常用の高圧配電盤もタービン建屋ではなく、原子炉建屋の地下に置かれてい

ました。

　1号機から4号機で生き残った電源は、わずかに3号機の直流蓄電池だけでした。3号機の蓄電池は地下ではなく、中地下に設置されていて水没を免れました。

　このように大事故に至った1～4号機はほぼ「完全電源喪失」に至りました。

　電源と一言で言っても様々です。例えば電圧は新福島変電所では27万5000キロボルトと6万6000キロボルトの二種類の電気が供給されています。

　これが発電所で受電する時には変圧器で電圧を下げられ、高圧電源盤（M/C、通称メタクラ）は6600ボルトの電力を所内の設備に供給します。炉心のスプレイポンプや残留熱を除去するためのポンプのように、消費電力の大きい機器に使われます。

　またメタクラから電気を受けたパワーセンター（P/C）は、480ボルトまで電圧を下げた後、補機冷却系やタービン補機冷却系などのポンプに電力を供給します。モーターコントロールセンター（MCC）は、さらに電圧を125ボルトまで下げて、電動弁や小型のポンプに給電します。

　一方、直流電源は電動弁や中央制御室の制御盤、それに圧力容器の水位や圧力、格納容器の圧力や温度を測る計測器に使われます。直流電源は充電可能な蓄電池として設備されていますが、大きなポンプの運転などには使えません。

　このように使用する機器によって、交流・直流の種類や電圧が異なります。

　例えば電圧が220ボルトのヨーロッパで、日本仕様のドライヤーや電気カミソリをそのままコンセントにつなぐと、部屋の電気がショートしたり、機器から煙が出ます。そんな経験をしたことのある皆さんも多いと思います。電気は使い方を間違えると危険ですらあります。

　家電でも注意を要するほどですから、複雑なシステムの原発はもっと大変です。

　外部電源を喪失した直後、50台近い電源車が福島第一を目指しました。

私も祈るような気持ちで、電源車到着の発表を待ちました。しかし現実には仮に電源車が到着しても、配電盤がほとんど機能を喪失していたので、冷却のための機器に電力をただちに供給することは不可能でした。

まず機器は水につかったため、通電するとショートしかねません。水中に落とした家電製品をコンセントにつなぐ時の怖さを想像していただければよいと思います。

また原子炉の安全にかかわる設備は、フェイル・セーフ（fail safe）、つまり事故が起きた時には安全側で停止するシステムになっています。

いきなり通電すると、機械は電気が正常に戻ったと勘違いしてしまいます。せっかく安全のために閉じていた弁が開いたりしかねないのです。

原子力安全・保安院は福島第一、福島第二、女川、東海第二のすべての所内電源設備について、被害をまとめていますが、それを見ると、福島第一の被害が異常に大きいことがわかります。

福島第一は電源設備に関して、間違いなく構造的な欠陥を抱えていました。その根本的な原因は、安全の基礎となる「多重性、多様性、独立性」を軽視したことにあります。

「多重性」とは、例えば一つの系統が故障しても、バックアップの機器が稼働して、事故を防ぐことです。もちろん、二系統がともに故障すれば事故は発生しますが、その発生確率は格段に小さくなります。例えば1000分の1の確率で故障する機器でも、二重化すれば、二つとも同時に故障する確率は100万分の一になります。

多重化は事故を防ぐ有力な手段の一つです。福島第一では非常用ディーゼル発電機は各原子炉に2台ずつ用意されていました。多重化のよい例です。（以前は1号機と2号機で一部を共用していました。）

ただその2台は同じ場所に置かれていました。津波という単一の原因で、両方がダウンしてしまったのです。

余談ですが、テレビ局は大半の放送機器を三重化しています。三重化されていれば、一系統をメンテナンスで停止している時でも、二重化されているからです。

一方、「多様性」とは、異なった種類の機器で同じ機能を持つものを指します。先ほどの非常用ディーゼル発電機だと、ほとんどが海水を利用した「水冷」だったのに対して、一部は空冷でした。多様性があれば、ある機器が共通の要因で故障する時でも、異なった種類の機器が生き残る可能性は高くなります。実際、福島第一のD/Gでは空冷の機器が生き残りました。

　さらに「独立性」は、まさにそれぞれの機器が独立して運転できることを指します。多重化された二つのシステムが一部の機器を共有していたり、片方のシステムが別のシステムに依存していては、独立性は保てません。

　では、システム構築の上で安全性を担保するための最も重要な3つの考え方について、安全審査指針にはなんと書いてあるでしょうか？

　「指針26」は最終的な熱の逃がし場、つまりヒートシンク（熱の捨て場）にかかわるものです。ヒートシンクが機能喪失すれば、原子炉を冷却することはできません。その指針26の2には次のように書かれています（下線筆者）。

指針26
　2．最終的な熱の逃し場へ熱を輸送する系統は、その系統を構成する機器の単一故障の過程に加え、外部電源が利用できない場合においても、その系統の安全機能が達成できるように、<u>多重性又は多様性および独立性</u>を適切に備え、かつ、試験可能性を備えた設計であること。

　賢明な読者はおわかりの通り、ミソは「多重性又は多様性および独立性」（下線筆者）という表現です。図で示すと次のようになります。

　この指針は「多重性」があれば「多様性」は不要だと解釈されています。逆に「多様性」があれば「多重性」は不要です。なぜ「多重性および多様性および独立性」としなかったのでしょうか？

　それは「多重化」と「多様化」を同時に追求するとコストがかかるからです。異なった機器を2台入れるよりも、同じものを2台入れた方が安上がりですし、メンテナンスも容易です。また異なる機械を入れると、それぞれの機械を多重化する必要が生じて、さらにコストがアップします。

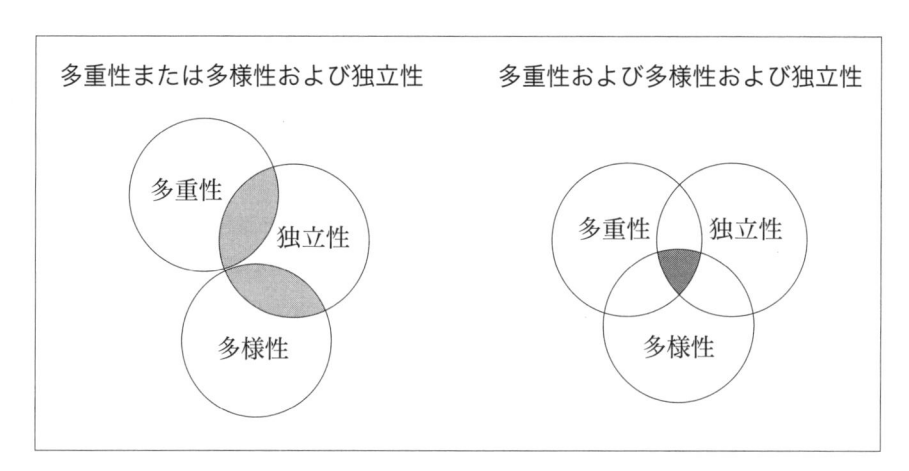

```
多重性または多様性および独立性        多重性および多様性および独立性

       多重性                              多重性
              独立性                            独立性
         多様性                              多様性
```

　独立性についても同様です。のちに述べる1号機の非常用復水器（IC、通称「イソコン」）は、原発の設置許可を申請する時には、独立した2つの系統からなっていましたが、実際の工事認可では一部の配管が共有されていました。規制機関である保安院の工事認可がいい加減なこともさることながら、事業者は安全のための3原則を無視してでも、最小のコストで済ませようとするのです。

　指針を所管する原子力委員会の斑目委員長は、指針26などにある「又は」という表現に「だまされていた」と語っています。事故が起きてから「だまされた」と言ってみても始まりません。

　一体誰にだまされたのでしょうか？

　原発の安全を守る原子力安全委員会は、それほど簡単にだまされてしまうものなのでしょうか？

　電源の回復は難航を極めました。1号機、3号機、4号機と相次いだ水素爆発、使用済燃料プールの温度上昇、そして余震と悪条件が重なりました。

　結局、電源が一部回復し、3号機の中央制御室に照明が灯ったのは、事故から10日以上がたった3月22日の午前のことでした。

　全交流電源喪失の想定は30分でよいとした指針は完全に間違っていました。その意味では東電、保安院の責任はもちろんのこと、安全委員会の責任は重大です。安全委員会にダブルチェック機関としての、深い自覚があるとは到底思えませんでした。

1号機イソコンの悲劇

全ての交流電源を失い、冷却・注水機能を喪失した1号機で、ただひとつメルトダウンを回避させる機能を持っていたのが非常用復水器です。通称「イソコン」、正式には Isolation Condenser (IC) といいます。

イソコンの原理は極めてシンプルです。

イソコン (IC) は非常の時に、原子炉圧力容器の高温の蒸気を配管でタンクに導き、タンクに溜めておいた水と熱を交換します。高温の蒸気は凝縮して水となり、圧力容器に戻っていきます。逆にタンクに溜めておいた水は沸騰し、「ブタの鼻」と呼ばれる建屋の穴から、水蒸気として大気中に放出されます。この時、水蒸気は「ゴオーッ」と轟音をたててブタの鼻から吹き出すそうです。

熱は「原子炉→水蒸気→タンクの水→大気」と運ばれ、結果として原子炉が冷却されるシステムになっています。原子炉の圧力と温度を下げて、低圧での注水につなげるにはなくてはならない装置です。

イソコンが設置されているのは、日本では福島第一原発1号機と日本原電敦賀1号機の2基だけです。東電のほかの原子炉には、隔離時冷却系 (RCIC = Reactor Core Isolation Cooling System) という別の装置がついています。

イソコンと RCIC の最も異なる点は、RCIC は注水機能を持っていますが、イソコンには注水機能がないことです。イソコンは正確に翻訳すると (Isolation) 隔離時の (Condenser) 水蒸気凝縮器です。圧力容器の中の水蒸気を水に戻すことで、圧力を下げるのが本来の機能です。

水蒸気が水に変わる時に、大量に熱が奪われるので、結果として原子炉が冷却されますが、残留熱除去系などに比べて、冷却能力ははるかに小さく、イソコンだけで原子炉を冷温停止に持っていくのは困難です。

イソコンの運転に電源は必要ありません。これが最大の特徴です。つまり全ての電源が失われた中で、高圧で稼働する1号機で唯一の冷却設備だったのです。

ところが実際には、ほとんど使われないままとなってしまいました。なぜ

II　原発はなぜ爆発したか

使われなかったのでしょうか？

　政府事故調の中間報告書は相当部分のページを割いて、この問題を取り上げています。というのは、もしイソコンが正常に運転されていれば、事故の進展は別な展開になった可能性があるからです。

　3月12日午後3時30分、水素爆発の直前に、1号機ではすでに海水注入の準備が整っていました。イソコンが働いて、時間稼ぎができていれば、1号機の水素爆発は防げたかもしれないと政府事故調は示唆しています。

　1号機の爆発が仮に防げなくても、もう少し遅らせることができていれば、2号機のパワーセンターに電源が供給され、その後の事故の進展を防げた可能性もあります。

　ではいったいなぜ、イソコンは十分機能を発揮させることができなかったのでしょうか。少々複雑ですが、一緒に解き明かしていきたいと思います。

　3月11日14時52分、外部電源が喪失して、主蒸気隔離弁が閉じ、行き場のなくなった水蒸気によって原子炉圧力容器の圧力が高くなったため、イソコンが自動的に起動しました。イソコンはA系統、B系統の2系統設置されています。

　起動したイソコンは正常に機能を果たしたと見られています。

　ところが15時03分、運転員は図の3Aと3Bの弁を閉じて、イソコンの運転を一旦停止しました。イソコンには1系統で4つの弁がついています。通常3つの弁は開けたままにしておいて、3Aと3Bの弁だけで操作します。

　この時運転員がイソコンを停止した理由は、原子炉の温度があまりにも急激に下がると、原子炉そのものが壊れてしまう危険があると判断したからです。急激に冷やすと壊れてしまうことは、例えば熱したガラスを水に放り込むと、バリバリと壊れてしまうことからも想像できるでしょう。

　操作手順書には1時間当たり冷却材（水）の温度が55度以上下がらないようにと定められていて、運転員はこれを順守しなければならないことは「体に染みついている」ほどよく知っているとのことです。イソコンの運転を停止したことから、圧力容器の圧力は再び上昇し始めました。

　運転員はこの後、2系統を使うと温度が下がりすぎるため、B系統は閉じ

非常用復水器（IC）の仕組み

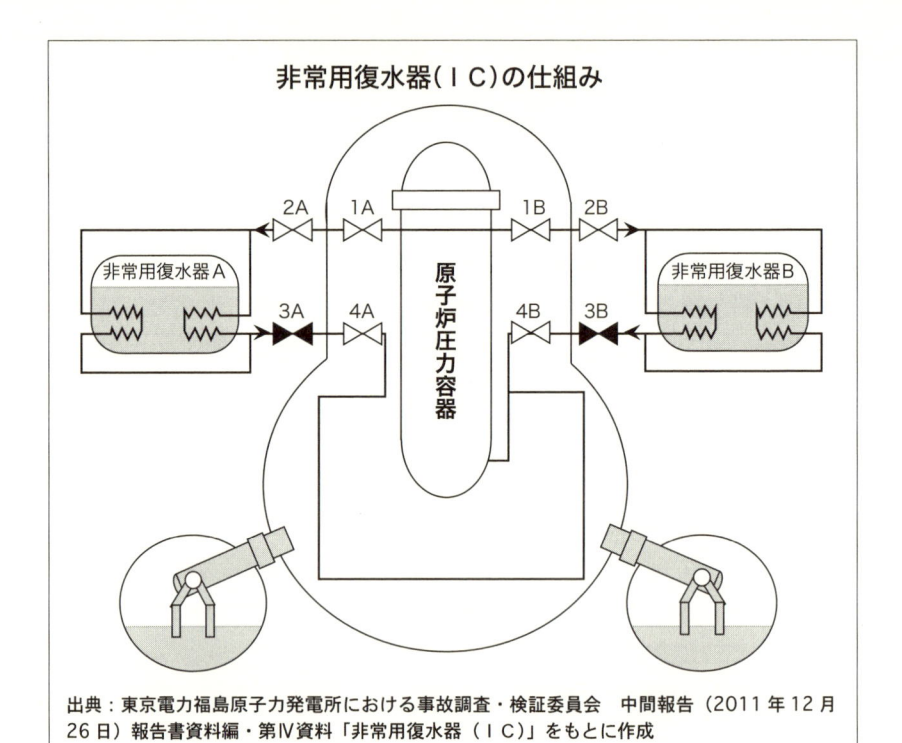

出典：東京電力福島原子力発電所における事故調査・検証委員会　中間報告（2011年12月26日）報告書資料編・第Ⅳ資料「非常用復水器（IC）」をもとに作成

ておいて、A系統だけで操作することにしました。実際、A系統の3A弁を開閉して、原子炉の圧力を60から70気圧に維持しようとしました。

　15時37分、今度は津波によって1号機はすべての電源を失いました。照明や計器類の表示ランプも消えて、イソコンは弁の開閉を含めて、確認や操作ができない状態になりました。

　18時18分、一時的に交流電源が復活し、イソコンの状態を確認したところ、3Aの弁が閉じていることがわかりました。運転員は1Aと4Aの弁の状態は確認していませんが、開いていることを期待して、2Aと3Aの弁を開けたところ、表示が「開」となりました。

　運転員はイソコンが起動した時に出る轟音と水蒸気を確認するために、外を覗いたところ、直接「ブタの鼻」は見えませんでしたが、建屋越しに蒸気の音と白い煙が確認できたので、動いていると判断しました。

　ところがしばらくして蒸気の発生が止まってしまいました。運転員はイソコンの水がなくなったと考え、運転を続けるとイソコンが壊れる可能性があると判断して、7分後の18時25分、3A弁を閉じて、再び運転を停止しま

した。

　イソコンの配管は原子炉圧力容器に直接つながっているので、これが壊れると放射性物質が大量に放出されると心配した運転員の心情は理解できます。

　その後、非常用ディーゼル消火ポンプが起動し、イソコンへの給水が可能となり、水が枯れて壊れる心配がなくなったことから、21時30分ごろ、運転員は再び3A弁を開きました。運転員は蒸気の発生音と蒸気を確認しましたが、しばらくすると音が聞こえなくなりました。

　事故から20日後の4月1日、東電が弁の状態を回路上で確認したところ、B系は2Bと3Bが閉じていましたが、操作に使っていたA系では、2Aと3Aが「開」、1Aと4Aは「中間開」でした。どの程度開いていたかはわかりませんでした。

　また10月18日にイソコンの水量を確認したところ、A系のタンクの水量は65％程度が残っていました。イソコンには一台に25〜26トン程度の水が入っていましたから、2系統合わせて12〜13トンほどしか、冷却に使われなかったことになります。これでは到底、停止直後の原子炉を冷却することは不可能です。正常に機能していれば、水を補給しなくても、6時間から10時間は運転できるはずでした。

　これが今までにわかっていることです。

　さて問題なのはそもそも運転員だけでなく、東電や保安院はイソコンのシステムや重要性をどのように理解していたかという点です。

　まずイソコンの弁の機能ですが、格納容器の内側の弁（1A、4A、1B、4B）は交流電源で、外側の弁は直流電源で動作する仕組みになっています。電源がなくなると、フェイル・セーフ機能が働き、弁は閉じるように設計されています。

　なぜこのような仕組みになっているのでしょうか？

　政府報告書では交流電源による弁の駆動装置の方が、直流のそれより、熱に強いからとなっています。私はむしろ、イソコンの設計思想によるものではないかと思います。

　交流と直流の二種類を使い分けることで、どちらか一方の電源が生き残れ

ば、イソコンを止めることができます。イソコンには冷却水が循環していますので、配管などが破断したら、すぐに弁を閉じて止めなければなりません。

　フェイル・セーフ（fail safe）も同じ考え方で、弁が閉じるようになっていたものと思われます。格納容器の外につながる装置は、基本的に事故が起きると閉じられて、格納容器は隔離されるのです。

　なお、国会事故調の報告書はこれとまったく異なる見解をとっています。つまり、イソコンは電源を失った時に、フェイル・セーフで、すべての弁が閉じるのではなく、フェイル・アズ・イズ（fail as is）、つまり弁の開閉は電源を失った時のままの状態となると主張しています。また地震によってイソコンの配管が破断した可能性があると指摘しています。どちらが正しいのか、今の時点では判断できません。

　また国会事故調報告書の参考資料は、アメリカ・オイスタークリーク原発のICの構造と機能について詳述していて参考になります。

　2号機3号機に設置されている隔離時冷却系（RCIC）は注水が可能ですが、イソコンは注水機能がありません。一般に、注水機能のついていない安全系の装置は、基本的にフェイル・セーフが働いて、機能を停止する側、つまり弁が閉じる状態で機能を停止するとみられています。

　これに対して、注水機能のある安全装置は、電源が切れて停止する時も、基本的にそのままの状態、つまりフェイル・アズ・イズ（fail as is）で停止するとみられています。

　二つ目にイソコンが長時間の運転に向かないことが理解されていたかという点です。イソコンの水は別のタンクから補給できますが、過酷事故の時に燃料棒が損傷を始めると、水素や希ガスが発生します。

　これらのガスは非凝縮性です。水蒸気であれば凝縮によって大量の熱を奪いますが、非凝縮性のガスは熱を奪うことができません。つまりイソコンのタンクの水と、ほとんど熱交換ができません。その結果イソコンの冷却機能は格段に落ちてしまいます。

　国会事故調の報告書はこの点を非常に重視していて、イソコンが機能を

失った原因を、非凝縮性のガスに求めています。

　1号機を製造したゼネラル・エレクトリック社（GE）のウェブサイトを覗くと、凝縮機能に関するレポートがたくさん掲載されています。今回の事故についても技術者同士が、GEのサイト上で様々な議論を交わしています。彼らのやりとりを見ていると、早い段階からICの凝縮機能が希ガスや水素などで阻害されている可能性が指摘されていました。

　電源がなくても高圧で作動する安全装置として、イソコンは極めて頼りない存在と言えます。

　1号機には原子炉圧力容器を冷却するために、この頼りないイソコン（IC）のほかに、炉心スプレイ系（CS）が2系統、高圧注水系（HPCI）1系統がありましたが、いずれも電源を喪失して機能しませんでした。

　ところでイソコンは少なくとも過去20年間、一度も福島では稼働したことがありませんでした。運転員の誰一人として、実際にイソコンを使った経験のあるものはいませんでした。

　敦賀原発1号機では2回ほど使われましたが、福島第一原発1号機では、検査の時に弁の開け閉めを制御盤の上で練習していただけです。

　福島第一原発で働いていた蓮池透さんは、30年近く前、福島第一原発の事務棟で図面を調べていた時に、いきなり1号機の建屋から「ボーン」という音とともに水蒸気が噴き出して、「事故か！」と思ったことがあると語っています。以前は運転中にイソコンが正常に起動するかどうか、実地テストをしていたようです。

　運転経験がないだけではありません。そもそも運転員の訓練を行うシミュレータもありませんでした。教育訓練は机上だけで行われていました。

　これでは運転員が本当の過酷事故が起きた時に、対応できるはずがありません。

　自動車の運転を考えてみてください。学科試験だけで免許を取得し、路上の実地試験も受けたことがなく、いきなり高速道路で大事故に巻き込まれそうになったら、あなたは事故を避けられるでしょうか？

　アメリカではイソコンの弁を手動で開けられるように、設計変更が行われ

ていました。しかし東電も保安院もその成果を学ぶことはありませんでした。
　結果として運転員はフェイル・セーフ時に弁が閉じてしまうことすら知りませんでした。指揮にあたっていた吉田所長も東電本店の対策本部も、イソコンはずっと動いていると思い込んでいました。イソコンが動いているという思い込みが、事故を決定的に深刻化させました。イソコンが動いていないことに気が付いたのは、11日23時50分頃です。格納容器の圧力が6気圧に達したことから、ようやくイソコンが正常に機能していないのではないかと疑い始めたのです。
　こうして命綱のイソコンは十分に機能しないまま、メルトダウンに至りました。3時間後の12日午前3時前には、圧力容器は溶けた燃料で、底が抜けたと見られています。
　東電は中間報告書の中で、イソコンが機能しなかったことと炉心溶融の関係について、次のように述べています（下線筆者）。

　〈炉心損傷との関連について〉
　　◆非常用復水器は、津波に起因する電源喪失によって非常用復水器の自動隔離インターロックが作動し、操作もできなくなったことから、その機能を喪失した。事故解析コード（MAAP）の解析結果によれば、崩壊熱が大きい原子炉停止直後であったため短時間で原子炉水位が低下、炉心が露出（17時46分頃、有効燃料頂部へ到達）に至ったと考えられる。
　　◆その後、非常用復水器（A系）直流電源が復帰し、18時18分、非常用復水器（A）の隔離弁（3A弁、2A弁）を開け、蒸気が発生したことを確認、蒸気発生が止まったことから、18時25分に3A弁を閉止している。事故解析コード（MAAP）の解析結果から、この時点では既に炉心は露出しており、<u>18時18分以降の非常用復水器の運転継続の有無に関わらず結果的には炉心損傷するに至ったものと評価される。</u>

　「運転員がどう操作しようとも、どうせ炉心損傷に至ったのだから仕方ない」とでも言いたげです。ずいぶん投げやりな態度です。すべてを津波のせいにして、あくまで責任を逃れようという姿勢がありありと見てとれます。

そもそもMAAPは分刻みの進展を予測できるほど精度が高くありません。それを東電の中間報告は都合よく利用して、あたかも解析結果が事実であるかのように扱っています。科学的な態度とは言えません。

イソコンが正しく使われなかったことは、複合的な事故の進展の中で、決定的な要因の一つでした。

問題を整理すると、次のような疑問が湧いてきます。

まず14時52分に自動的に起動したイソコンを運転員がわずか11分間運転しただけで、手動停止した点です。東電の報告書で、1時間に55度の温度低下を避けるため、運転員が停止した行動は手順に従っていて、正しかったと述べています。イソコンの手順書では55度と明確に書いてあるわけではありませんが、原子炉の運転全体で急激な温度変化を避けたかったことは理解できます。

ただわずか11分間運転しただけで判断したことと、そもそも1時間に55度という考え方がどのような根拠に基づいたものなのか、明らかになっていません。ぜひ再現実験で55度の根拠を実証してほしいと思います。

仮に緊急時に非常用の冷却装置をフル稼働できないとしたら、そもそも設計が間違っているのです。

車の運転を考えてみましょう。通常の運転でむやみに急ブレーキをかけたら危険運転とみなされます。しかし事故を回避する時には必須です。急ブレーキを法律で禁じるようなことはあり得ませんし、急ブレーキが踏めない自動車があったとしたら欠陥車であるのと同様、緊急時に非常用の機器をフル稼働できない原子炉は、欠陥原子炉だと思いますが、皆さんはどのように考えるでしょうか。

ちなみに東電が提出した「手順書」が黒塗りであったことは、皆さんも記憶にあると思います。

もう一点は、弁の仕組みやフェイル・セーフのロジックを、運転員も本店の技術者も全く理解していなかった点です。東電は「安全神話」のもと、20年間一度も使われなかったこともあり、イソコンを使う事態は発生しな

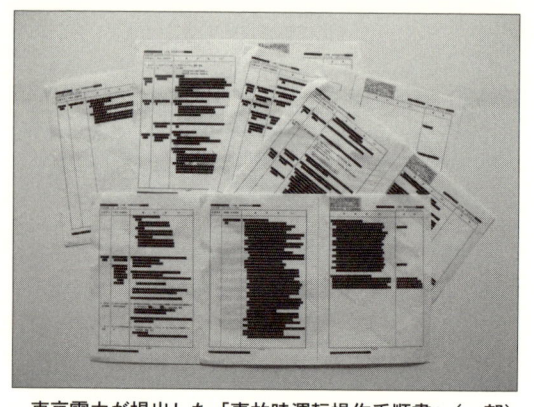

東京電力が提出した「事故時運転操作手順書」(一部)

いと高をくくっていたのでしょう。

運転員の教育・訓練を行うためのシミュレータにイソコンはありませんでした。東電の全原発の中で、わずか1台しかないイソコンのために、わざわざシミュレータを作るコストを惜しんだのではないでしょうか。

アメリカで弁を手動で開閉できるように設計変更されていたことも、学んでいませんでした。東電の責任はもちろんですが、規制機関である保安院の責任も重大です。

もし運転員が電源喪失時のフェイル・セーフ機能について熟知していれば、津波到達直後から、弁の開操作に取りかかることができたでしょう。東電の主張を入れても、炉心の損傷が始まる17時46分より前に、イソコンが起動できた可能性は少なくありません。その後の事故の進展を食い止める大きなチャンスを逃してしまったのです。

1号機を製造したのはアメリカのゼネラル・エレクトリック社（GE）です。東電はGEから運転マニュアルをはじめとして、いわゆる「取扱説明書」を受け取っているはずです。イソコンはそもそもどんな目的で作られたのか、事故時の機能として何が期待されていたのか、事故時の使用に耐えるものだったのか、検証する必要があります。東電はこの点について全く明らかにしていません。

ほとんどの過酷事故は高温・高圧で起きると考えられます。本来は高圧注水系が働いて、高圧でも注水ができるはずでした。しかし電源がなくなったために、注水ができませんでした。電源がなくなった時に、非常用の冷却装置がイソコンしかないとしたら、欠陥原子炉と言われても仕方ありません。欠陥原子炉を放置してきた東電の責任は免れませんし、製造者のGEの責任も重大です。

それにしても1号機だけなぜ早々とカバーをしてしまったのでしょうか？

GEの要請でしょうか、それともアメリカの圧力でしょうか。極めて不可

解です。

　カバーの中でどんな作業が行われているのでしょうか？

　皆さん、不思議に思いませんか？

冷却機能の喪失

　3月12日の1号機の水素爆発の後も、2号機、3号機では一部の冷却機能が生きていました。2号機では隔離時冷却系（RCIC）、3号機ではRCICとともに、直流電源で作動する高圧注水系（HPCI）が動いていました。

カバーで覆われた1号機原子炉建屋（2011年10月8日撮影。写真提供／東京電力）

　この二つの装置はイソコンと違って、注水機能を有しています。RCICは電気に頼らずに、原子炉の中で発生した蒸気で駆動します。1号機に比べて、はるかに有利な状況でしたが、結局メルトダウンを回避することはできませんでした。

　一方、3号機はRCICに加えて、高圧注水系も作動しましたが、こちらもメルトダウンを回避することはできませんでした。

　原発事故が起きた時は、「止める」「冷やす」「閉じ込める」の3つが原則とよく言われます。なぜかくも重要な「冷やす」機能がこれほど簡単に失われたのか考えてみます。

　原子炉の配管は全部つなぎ合わせると100キロメートル以上に上ると言われています。なぜこれほど長い配管が必要なのでしょうか？　それは原子炉にとって「冷却」が何よりも大切だからです。ほとんどすべての配管が、「冷却」に関連する配管といってもいいほどです。

　なぜ「冷却」が大切かといえば、原子炉燃料の「出力密度」、つまり単位当たりの熱の発生量がとてつもなく大きいからです。しかも原子炉が停止しても、膨大な崩壊熱が発生して、放置しておくと短時間で燃料がメルトダウンしてしまいます。

ですから配管が破断して冷却水が失われた時には、ただちに大量の水が原子炉の中に注水され、燃料を冷却するシステムが幾重にもわたって備えられています。

主なものは、原子炉の圧力が高い時に作動する「高圧注水系」「自動減圧装置」、原子炉の圧力を下げてから大量に水を送り込む「低圧注水系」「低圧炉心スプレー系」などです。

これらを総称して非常用炉心冷却系（ECCS:Emergency Core Cooling System）と呼びます。

さて2号機では3月11日午後3時39分、津波が襲った4分後に、運転員が隔離時冷却系（RCIC）を手動で起動しました。

隔離時冷却系（RCIC）は原子炉圧力容器の中で発生した蒸気を動力源に、タービン駆動ポンプで冷却水を圧力容器に注水する装置です。注水量は1時間当たり100トン弱で、同じく高圧で注水機能を持つ高圧注水系（HPCI）の700トンほどに比べると、注水能力は7分の1程度です。

タービン駆動ポンプを駆動させた後の水蒸気は、水となって圧力抑制室（Suppression Chamber〈サプレッション・チェンバー〉、通称「サプチャン」）に戻ります。

イソコンと同様、電源がなくても稼働します。

水は通常、格納容器下部の圧力抑制室と復水貯蔵タンクから供給されます。圧力抑制室には常時2000から3000トン程度の水が蓄えられています。

運転員が起動した時には、復水貯蔵タンクから水が供給されていました。RCICに期待されているのは「一定期間」原子炉の崩壊熱を除去することです。イソコン同様、RCICだけで原子炉を冷温停止に持っていくことは困難といわれています。

津波の到達後、計器用の電源もなくなったことから、2号機原子炉の水位や注水の状況がわからなくなってしまいました。午後4時36分、吉田所長は非常用炉心冷却系が働かず、注水が不能となったと判断しました。

午後9時50分、ようやく計器類が復活し、水位を確認したところ、燃料の頂部から3メートル40センチのところにあることがわかりました。（水

原子炉隔離時冷却系（RCIC）

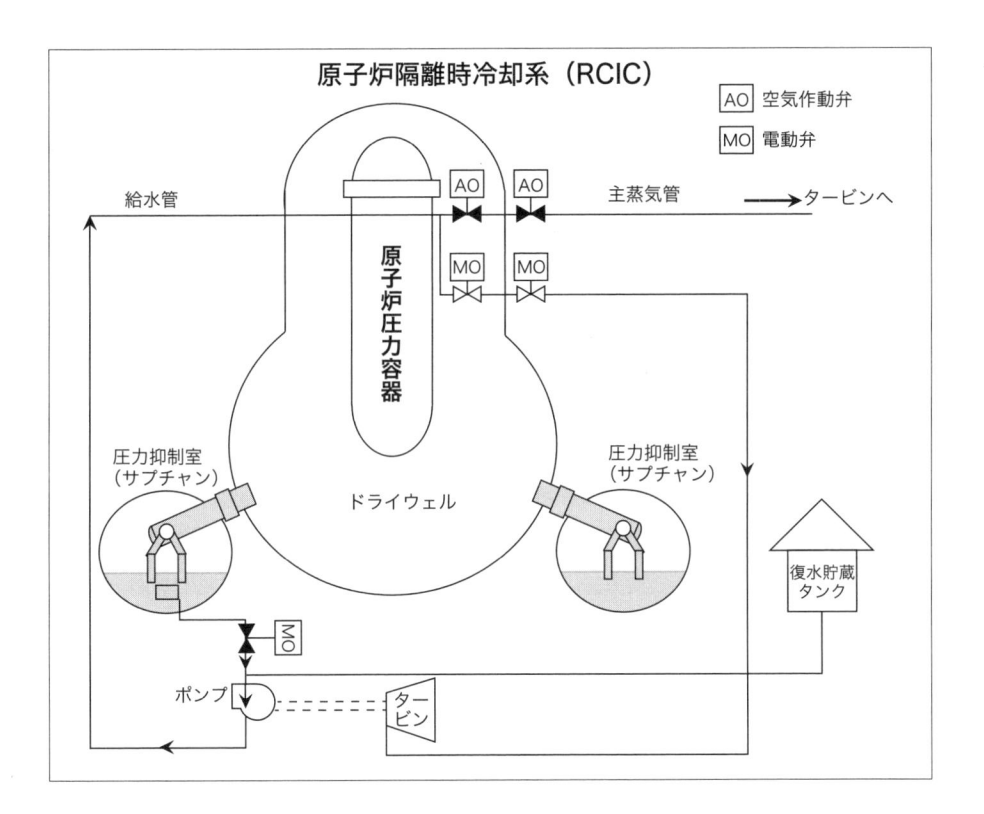

AO　空気作動弁
MO　電動弁

給水管
主蒸気管　　→タービンへ
原子炉圧力容器
圧力抑制室（サプチャン）
圧力抑制室（サプチャン）
ドライウェル
復水貯蔵タンク
ポンプ
タービン

位計が壊れていた可能性があるので、本当にこの水位を保っていたかどうかは不明です。）

　12日午前2時55分、運転員は隔離時冷却系（RCIC）が動いていることを現場で確認しました。

　午前4時20分過ぎ、運転員は原子炉建屋の地下にあるRCIC室に入り、RCICの水源を復水貯蔵タンクからサプチャンに切り替えました。切り替えた理由は復水貯蔵タンクの水位が下がったことと、復水貯蔵タンクを水源としていると、サプチャンの水位が上がりすぎてしまうためです。

　通常、サプチャンは残留熱除去系という冷却設備で熱を除去し、水温が管理されるはずですが、電源の喪失で作動しておらず、熱は捨てられることのないまま、サプチャンに溜まっていきました。

　当然、サプチャンの水温と圧力は上がりますが、その後およそ2日間にわたって、水温と圧力の監視は行われないまま、サプチャンの温度と圧力は上がっていきました。

電源を喪失して操作はできないものの、ともかくもRCICは作動を続けていました。しかし、原子炉の崩壊熱をただ溜め込むだけで、温度と圧力は上昇を続けました。

3月14日の12時以降、圧力容器の水位の低下がひどくなりました。RCICは蒸気が凝縮される時のエネルギーの差を動力源としていますが、サプチャンの温度・圧力が上昇して、水蒸気が凝縮できなくなってきたのです。

動力源が枯渇してきたRCICは、注水機能を失い始めました。

12時半の測定によると、サプチャンの水温は149.3度、圧力は4.8気圧を示していました。水温が150度近いということは、大気圧なら沸騰しているところですが、圧力が加わっていたことから、沸騰はかろうじて抑えられていました。

吉田所長は加温・過圧によるサプチャンの破損を懸念していました。13時25分、吉田所長はRCICが機能を失ったと判断しました。

前日の13日からRCICが停止した時に注水ができるように準備が行われてきましたが、14日午前11時1分の3号機水素爆発もあり、実際に2号機で注水が始まったのは、14日の20時前でした。その間、19時20分には、監視を怠ったために消防車の燃料が切れて、注水が遅れる事態が発生していました。

注水は始まったものの格納容器上部のドライウェル(格納容器上部のダルマ状の部分で通常は窒素ガスで満たされている)の圧力は上昇を続けました。14日22時50分には最高使用圧力の4.3気圧を超え、翌15日朝には6気圧を超えました。

15日午前6時過ぎ、サプチャンの圧力は突然ゼロを示しました。何かが起きましたが、何が起きたかはいまだに不明です。「絶対圧」がゼロということは真空を表しますが、現実にはサプチャンが真空になることはありえません。

本来であればサプチャンとドライウェルの圧力はほぼ同程度ですが、サプチャンの圧力がゼロになった後も、ドライウェルは高い圧力を維持していました。圧力が下がり始めたのはそのあとです。午前11時半前には、ドライウェルの圧力が1.5気圧程度まで低下したことから、この時に大量の放射能

が放出されたものとみられています。

　1号機のイソコンと同じように、2号機のRCICも結局機能を失ってしまいました。過酷事故が起きるのは、高温・高圧の場合がほとんどです。電源が喪失しても利用可能なはずのイソコンやRCICは、もろくも機能を失ってしまいました。

　2号機で何が起きたのか、依然不明なことばかりです。私は吉田所長が懸念した通り、高温・高圧でサプチャンの一部が破壊されたのではないかと思っています。ドライウェルとサプチャンをつなぐベント管は、格納容器の弱点であることが知られています。いずれサプチャンにカメラが入った時に明らかになるでしょう。

　ちなみに全交流電源を喪失し、RCICも作動しなかった場合、2号機はどうなったでしょうか？
　原子力安全基盤機構（JNES）がMELCORという解析コードを使って計算したところ、1時間40分後に燃料のメルトダウンが始まり、3時間半後には圧力容器が破損し、7時間後には格納容器も破損するという結果が出ています。事故はとてつもなく早く進展するのです。

　一方、3号機は直流電源が残されていたので、隔離時冷却系（RCIC）に加えて高圧注水系（HPCI）が動作可能でした。また計器類も使えたことから、2号機よりもさらに良い条件でしたが、やはりメルトダウンを回避することはできませんでした。

　運転員を一方的に責めるつもりはありません。複合的かつ経験したことのない事故に直面し、余震が続く中、照明や通信手段もままならない状況で、現場はベストを尽くしたのだと思います。

　しかし大惨事に発展した結果責任は、運転員も負わなければなりません。1号機2号機と同様に、3号機でも運転員の小さな判断ミスが、結果としてメルトダウンにつながりました。

　3号機のRCICは3月12日11時36分ごろ、何らかの原因で停止しました。2号機のRCICは、ほぼ70時間動き続けましたが、3号機のRCICはなぜか20時間ほどで停止してしまいました。

12時35分頃、圧力容器の水位が下がったことから、高圧注水系（HPCI）が自動的に起動しました。

　高圧注水系（HPCI）はその名の通り、原子炉の圧力が高圧の時に、短時間で大量の水を原子炉に注ぐための注水システムです。

　大量の水が注がれると、水位が上がってHPCIが自動停止してしまい、再起動にはバッテリーが必要になると運転員は考えて、流量を調整しながら運転することにしました。

　流量調整にはテストラインが使われましたが、これはHPCIの本来の使い方ではありませんでした。

　このような運転の仕方を東電は想定していたのか、また規制当局も認めていたのか、はなはだ疑問です。

　ともかく本来の使い方ではないものの、3号機の圧力容器の圧力は8から10気圧程度で保たれていました。しかしやがて、水を注ぐ圧力（吐出圧力）が低下し、圧力容器内部の圧力と拮抗するようになりました。運転員は本当に注水されているかどうか、また運転を続けることで、HPCIが壊れることがないか、不安を抱くようになりました。

　圧力容器にはSR（main Steam Relief Valve 弁＝主蒸気逃がし安全弁）と呼ばれる弁がついていて、これを開けると圧力容器から格納容器のドライウェルとサプチャンに水蒸気が噴き出し、圧力容器の圧力を下げられるシステムになっています。

　運転員は8〜10気圧程度であれば、このSR弁を開けて圧力を下げれば、ディーゼル消火ポンプで注水ができると思い、13日午前2時42分に、HPCIを手動で停止してしまいました。3号機にとってはこれが命取りになりました。

　運転員はHPCIを停止して、SR弁を開け、ディーゼル消火ポンプで注水しようとしましたが、直流電源が枯渇していたか、あるいは足りなかったために、SR弁が開かなかったのです。

　弁が開かないとどうなるでしょうか？

　当然、原子炉の圧力が上昇します。

　高圧注水系（HPCI）を停止した時の原子炉の圧力は6気圧以下でしたが、

20分後には8気圧弱、1時間後には41気圧と、急激に上昇しました。これにより、ディーゼル消火ポンプでの注水ができなくなってしまったのです。ディーゼル消火ポンプの吐出圧力は4気圧弱です。これでは原子炉圧力容器に注水することは不可能です。

本来はディーゼル消火ポンプの注水ラインを構築したうえで、SR弁を開いて圧力容器の圧力を下げ、それから注水を確認してHPCIを停止すべきでした。政府事故調中間報告書にも書かれています。

原子炉圧力容器の中は高圧です。弁を開くと中の水蒸気が格納容器に吹き出します。そうすると中の水位はどんどん下がります。

圧力釜の蓋をしたまま火にかけて、熱くなったところで弁を開けると、水蒸気が勢いよく吹き出し、中の水位が下がることを私たちは経験的に知っています。「減圧沸騰」と呼ばれます。

「減圧沸騰」を避けるために、原子炉を冷却する時には、「フィード・アンド・ブリード」、つまり注水しながら、発生する蒸気を圧力抑制室に導いて、凝縮させるのが原則なのです。

3号機ではそのための手順が逆になってしまい、せっかく動いていたHPCIは停止し、SR弁も開けられない事態となってしまいました。

SR弁は一定の圧力になると開き、圧力が下がると元にもどる安全弁としての機能と、いざという時に運転員が操作して、圧力を下げるという二つの機能があります。

炉心溶融を伴う過酷事故の時にSR弁を開けると、水素などの非凝縮性のガスも噴き出します。また気体が勢いよくサプチャンに流れ込むため、サプチャンの圧力が上がりすぎたり、サプチャンの水がパチャパチャと振動して（スロッシングと呼ばれます）、サプチャン自体を破損することもあります。

私たちが机上で考えていることと、実際に起きたことは、大きく異なっている可能性もあります。

13日午前2時42分にHPCIを運転員が停止させたあと、現場ではなんとかSR弁を開こうと努力が続けられます。社員の通勤用の車からバッテリーを集め、ほぼ6時間後の13日午前9時過ぎに、ようやくSR弁を開き、

原子炉の減圧に成功しました。

　9時前には73気圧の高圧だった圧力容器は、9時25分頃には3.5気圧まで下がり、ようやく消防車による注水が可能となりました。

　原発の取材をしていると、必ず「事故の時にはECCS（非常用炉心冷却系）があるから大丈夫」という説明を聞きます。しかし、今回の事故ではECCSが全く機能しないことがわかりました。

　しかも3号機ではECCSを構成するHPCIが、本来と異なる使われ方をしました。

　今後も原発の運転を続け、過酷事故を想定するのであれば、「冷却」と「注水」、とくにECCSについて、根本的に考え直す必要があります。

　弥縫策は通用しません。

使用済燃料プールという盲点

　かつて取材で使用済燃料プールは何度も見たことがありました。透明な水に満たされ、整然と使用済燃料が並べられ、原子炉が高温・高圧の「動」の世界だとすると、プールはいわば「静」の世界でした。

　3月15日早朝、2号機で爆発があったとの発表から、4号機爆発とわかるまで、何が起きているのか、わからなくなる瞬間がたびたびありました。

　結局、爆発したのは2号機ではなく、4号機でした。建屋上部は1号機、3号機同様、ほぼ吹き飛びました。

　4号機は定期点検中で、原子炉に燃料は入っていませんでしたから、初めはなぜ爆発したのか、全くわかりませんでした。爆発で4号機の建屋上部が吹き飛び、むき出しになった使用済燃料プールから白い蒸気が上がっているのを見た時、使用済燃料プールには、格納容器がないという事実に、震えるほどの恐怖を覚えました。

　爆発前の3月13日昼ごろには、4号機プールの水温は78度まで上がっていました。14日午後4時ごろには、85度まで上がりました。

　当時4号機は、定期検査のため、原子炉にあった燃料は、すべてプールに移されていました。定期検査が始まると、格納容器、そして圧力容器のフ

タを開けて、上部に水を張り、燃料を1本ずつクレーンで吊り下げて、水の中を移動させながら、プールに移します。

使用済燃料は線量が高いので、水の中に入れたまま移動しなければなりません。

この時、4号機使用済燃料プールにあったのは、使用済燃料1331体、新しい燃料204体の、合わせて1535体でした。新しい燃料は熱を発しません。

一方、使用済燃料1331本のうち、とくに原子炉から取り出したばかりの燃料は、まだ熱い状態のままでした。

原子力安全基盤機構（JNES）が3月15日に原子力安全・保安院に送ったレポートには、「格納容器がないことから、チェルノブイリ事故のように直接大量の放射性物質を放出する可能性がある。これは福島第一すべての号機に共通の課題である」と書かれています。保安院も危険の大きさはわかっていたのです。

1〜4号機のプールには、以下のように大量の使用済燃料が保管されてい

東京電力福島第1原発1〜4号機　使用済燃料の保管量

	使用済燃料	新燃料	発熱量	プール水量
1号機	292体	100体	0.18MW	990㎥
2号機	587体	28体	0.62MW	1390㎥
3号機	514体	52体	0.54MW	1390㎥
4号機	1331体	204体	2.26MW	1390㎥

ました。

4号機の発熱量がとびぬけて大きいことがわかります。私はただちに大学時代の友人たちに、1トンの水で、何分くらいプールを冷却できるか、計算を頼みました。20度の水1トンを蒸発させるのに必要な熱量は62万kcalです。これを基に計算すると、仮に4号機に1トンの水を注水しても、わずか10数分で蒸発してしまうことがわかりました。

プールの水がなくなるとどうなるのでしょうか？

使用済燃料は、プールの中でラックという枠型の容器に入っています。ラックには臨界を防ぐために、ホウ素などの中性子を吸収する成分が入っています。

爆発で建屋上部が吹き飛んだ4号機
(2011年3月24日、エアフォートサービス撮影)

一方、プールそのものは、厚さ2メートル弱のコンクリート製で、表面を3ミリほどのステンレス鋼板で覆われています。燃料を移動する都合から、建屋5階という不安定な場所に置かれています。

プールの深さはおよそ11メートルで、使用済燃料は底の方に置かれていて、長さおよそ4メートルの燃料頂部から、上に7メートルほど水がかぶっています。

使用済燃料は、ラックに入っている限り比較的安全で、臨界は起きません。しかし、地震でプールが破損し、水が抜けたり、電源喪失で冷却機能がなくなると、崩壊熱で溶融の危機に晒されます。

3月16日13時に原子力安全基盤機構(JNES)が保安院に送ったレポートには、「使用済燃料プールの燃料貯蔵ラック(SUS製)が喪失した場合、臨界になりうる可能性がある」と書かれています。同時に再臨界を防ぐために必要なホウ酸水の量もすでに計算されていました。

もしプールの中で使用済燃料が溶け始めると、どんなことになるのでしょうか?

まず溶けた使用済燃料はプールの底に溜まっていきます。熱を持ったままですので、やがてプールの底を突き破るかもしれません。

使用済燃料が溶けると、中にあった大量の放射性物質が放出されます。4号機のプールには1331本の使用済燃料が入っていましたから、とてつもな

い量の放射能が放出されます。プールには放射能の放出を防ぐ格納容器はありませんので、ほとんどすべてが環境に放出されます。

　さらに溶けた燃料が特殊な配置を取り、そこに水が存在したり、注がれた場合、臨界が起きる可能性もあります。

　アメリカ原子力規制委員会（NRC）の専門家も、4号機使用済燃料プールの水がなくなり、溶け始めて臨界に至ることを最も懸念したと言われます。

　3月13日早朝、前日に水素爆発を起こした1号機から白煙が上がっていることが確認されました。その時から、使用済燃料プールの水がなくなりつつあるのではないかと、懸念されていましたが、15日の朝、それが現実になったことで、本当に恐ろしい気持ちに襲われました。

　16日朝には3号機からも白煙が上がり始めました。プールへの注水は、15日から検討され、私たちも放送を続けながら、今か今かと、祈るような気持ちでした。

　16日午後、自衛隊のヘリコプターに同乗した東電の社員が、4号機のプールに水があることを、目視で確認したと発表がありましたが、私たちは到底信じる気になれませんでした。

　とにかく早く放水を行ってほしいと、願うばかりでした。

　のちの東電の解析によると、仮に水がなくなった場合、プールの水位が5メートル下がるのに要する時間は、およそ16日とわかりました。また4号機の使用済燃料プールは、倒壊を防ぐために、鉄骨などで補強が行われました。

　「4号機の建屋自体が傾いているのではないか」という疑問には、一貫してこれを否定しています。

　一方、プールになみなみと水が残っていたのには訳がありました。当時、原子炉ウェル、および蒸気乾燥器や気水分離器が収められているピットには、水が張られたままとなっていました。本来は原子炉の中のシュラウドという燃料棒を束ねる大型の部品を交換するために、燃料をプールに移動した後、水を抜くはずでしたが、そのままになっていたのです。水を抜く予定日は3月7日でしたが、工具がそろわず、延期されていました。

　プールと原子炉ウェルの間にはプールゲートと呼ばれる仕切りがあり、原

子炉ウェルに水がない時は、プールの水をせき止めています。逆にプールの水が干上がると、原子炉ウェルからプールに水が流れ込む仕組みになっていたのです。プールの水は減りましたが、原子炉ウェルから水が流れ込んで、事なきを得たのです。

　4号機使用済燃料プールの水が減少した時、原子炉ウェルに水が張られていたのは、ラッキー以外の何物でもありませんでした。およそ1000トンの水が、堰を切ったように原子炉ウェルからプールに流れ込んで、事なきを得たのです。

　プールへの放水は、4号機に水があることが確認されたことから、まず3号機から始められました。ヘリコプターからの注水の後、機動隊や自衛隊、米軍の高圧放水車、東京消防庁の屈折放水塔車、コンクリートポンプ車などを使って、満水になるまで水が注がれました。1号機も同様です。2号機は建屋が残ったままでしたので、上からの注水ができず、燃料プール冷却浄化系（FPC:Fuel Pool Cooling and Filtering System）を修復して、注水を行いました。

　水のありがたさが、本当に身に染みました。

　福島第一原発には、共用プールにも6375体の使用済燃料があります。またプールではなく、鋼鉄製のキャスク（燃料棒を入れる容器）で乾式貯蔵（プールの中ではなく容器の中で燃料が乾いたまま貯蔵する方法）している使用済燃料が408体あります。さらに5号機のプールには994体、6号機のプールには940体が置かれたままです。

　1～3号機で溶けてしまった燃料を除いても、福島第一原発の敷地内に貯蔵されている使用済燃料及び新燃料の合計は1万1825体になります。これらの使用済燃料と新燃料をまず安全な場所に、移さなければなりません。

　2012年7月、東京電力は4号機の使用済燃料プールから、新燃料2体を試験的に取り出しました。8月に取り出した燃料を調査したところ、大きな損傷はなかったとのことです。外観は黒ずんでいましたが、腐食ではなく、何かが付着したものだったそうです。

　東電では残る燃料の取り出しを、2013年12月には本格化させるとしていますが、4号機は建屋の爆発で、燃料取り出し用のクレーンは吹っ飛び、

福島第一原発で乾式貯蔵されている使用済燃料
(2011年3月17日撮影。写真提供／東京電力)

かなりの構造物がプールに落下していることが予想されます。

　使用済燃料は新燃料と違い、放射線レベルも桁違いに高いため、作業は困難を極めるでしょう。

　一方、3号機では、建屋のがれきを撤去する作業中に、長さ7メートル、重さ470キロもの鉄骨をプールの中に落としてしまう事故が発生しました（2012年9月22日）。

　燃料が損傷すれば、放射性物質が外に出てきますし、燃料が変形すれば、取り出すことが困難になります。

　3号機のプールには、もともと水素爆発の衝撃で、燃料交換用の35トンものクレーンが落下していて、2012年10月に東電が公開したプールの写真にも、一部が写っていました。

　東電は1号機プールの写真も公開しましたが、大きな構造物がプールに落下したかどうかは、確認できなかったとのことです。

　増え続ける使用済燃料は、置き場所がないため、最近の原発では使用済燃料プールを大きく作る傾向にあると言われています。また、今までより詰め

て入れるために、リラッキングといって、使用済燃料を並べ替える作業も行われています。

　国会事故調の報告書によると、アメリカなどでは、まだ熱を持っている使用済燃料を、市松模様に分散して並べる手法がとられていますが、日本では全く行われていないと批判しています。

　プリンストン大学のフランク・フォン・ヒッペル教授は、そもそもプールの中に詰め込むと、水が抜けた時に、空気の自然循環で冷やすことができないとして、乾式貯蔵に切り替えるべきだと訴えています。

　まだ余震が続く中、使用済燃料の取り出しは、最重要課題の一つです。使用済燃料が不安定なプールに置かれている限り、私たちは安心することができません。

　と同時に、日本全国50基の原発で、使用済燃料をどのように管理するか、考え直す時が来たようです。

過酷事故は防げない

　東電福島第一原発の事故の後、シビアアクシデント（過酷事故）や、アクシデント・マネージメントという言葉が使われるようになりました。過酷事故は単に巨大な事故を示す言葉ではありません。正確な定義は次の通りです。
「安全設計の評価上想定された手段では適切な炉心の冷却または反応度の制御ができない状態であり、その結果、炉心の冷却または反応度の制御ができない状態」

　どういうことでしょうか？

　原発を設計する時には、事故を避けられるように様々な安全装置や手段を設計に盛り込みます。ところがその安全装置や手段では対応しきれない事態が、確率は低いものの起きる可能性があります。そして最後は炉心溶融から格納容器の破損という最悪の事態に陥る、これがシビアアクシデント（過酷事故）の本質です。

　設計基準を超えた事故を「B-DBE（Beyond Design Base Event＝設計基準外事象）」などと呼んでいます。

　どんなに過酷な事故でも、格納容器が壊れなければ、放射性物質が大量に

環境中に放出されることはありません。

　アメリカでは1960年代の終わりから、すでに「クラス9」の事故として、認識されていました。「クラス9」の事故とは、アメリカの環境保護法に基づいて分類された事故のうち、「設計範囲を超える事故」と定義され、「結果は過酷だが、可能性が低く、評価の必要がない」とされていました。日本でもスリーマイル島原発事故の後、1980年代から認識されていましたが、1992年の原子力委員会決定では、事業者がシビアアクシデント対策を自主的取り組みとして整備することを「強く奨励」との表現にとどまり、法律上の義務とすることはありませんでした。

　事故が起きた後の現在、新しい組織の原子力規制委員会は、アクシデント・マネージメントを、法律上の要件とする方針と言われています。

　では、今回東電福島第一原発で起きたような過酷な事故は、そもそも想定されていたのでしょうか？

　当然、想定されていました。前述のように、アメリカ原子力規制委員会（NRC）では沸騰水型の原子炉について、過酷な事故に至る事故シーケンス（事故進行のプロセス）は全電源喪失であることを明らかにしていました。シビアアクシデントの教科書的な存在である『原子力発電所のシビアアクシデント―そのリスク評価と事故時対処策』（阿部清治著、日本原子力研究所、1995年）では、まさに福島第一原発で起きたことが、記載されています。

　津波も地震も含めて、想定できなかったことは、ひとつもありません。すべては想定内です。

　一方、東電の報告書を見てみましょう。

　「福島の事故を顧みると、今回の津波の影響により、これまで国と一体となって整備してきたアクシデント・マネージメント策の機器も含めて、事故対応時に作動が期待されていた機器・電源がほぼすべて機能を喪失した。このため、現場では消防車を原子炉への注水に利用するなど、臨機応変の対応を余儀なくされ、事故対応は困難を極めることとなった。このように、想定した事故対応の前提を大きく外れる事態となり、これまでの安全への取り組みだけでは事故の拡大を防止することができなかった。結果として、今回の津波に起因した福島第一原子力発電所の事故に対抗する手段をとることがで

きず、炉心損傷を防止することができなかった」

　すべては津波のせいで、せっかく国と一体になって進めてきたアクシデント・マネージメントも、想定の範囲を大きく超えて、メルトダウンを避けられなかったと弁解しています。

　しかも、消防車を使った注水については、「アクシデント・マネージメント策として整備された手段ではなかったが、（中略）訓練等による知識を活用した臨機の応用動作であった」と自画自賛しています。

　ではわずか3台しかなかった消防車を原子炉の注水に使っている時に、火災が起きたらどうするのでしょうか？

　消防車を使わざるを得なかったのは、ディーゼルポンプの消火系が、地震で破損しているかもしれなかったからではないのでしょうか？

　しかもディーゼルポンプの消火系は、吐出圧力が4気圧程度と、使い物ならなかったから、現場はやむなく消防車を使ったのです。「自主的努力」に任されたアクシデント・マネージメントは、ほとんど機能しないことが、今回の事故で明らかになりました。

　そもそもアクシデント・マネージメントの「マネージメント」は誰がやるのでしょうか？

　「人間」です。「機械」ではありません。つまり、アクシデント・マネージメントが成功するかどうかは、個人に依存するのです。

　「Aさんではできないけど、Bさんならできた」というような運転がなされている原発に、どうして私たちが安心していられるでしょうか？

　事故後、保安院がまとめた30項目の安全対策は、これまでこんなこともできていなかったのか、と思わせるような対処療法にすぎません。例えばベントフィルターです。新しい基準では、沸騰水型だけでなく、加圧水型にもベントフィルターを設置することが盛り込まれる見通しですが、フィルターの設置はそれほど簡単ではありません。

　ベントの時の気体に水素が含まれていると、フィルターで水蒸気が冷やされた時に、水素の相対濃度が上がり、水素爆発を引き起こすことも指摘されています。また新しい安全のための機器を追加することで、これまでの機器が機能不全を起こすケースも考えられます。フィルターを店で買って取り付

けるというような、簡単なものではありません。新しい安全装置の設置には、実験を含めて、様々なテストが必要です。

　どんなに高い防潮堤を築いても、それを超える津波は来るでしょう。どんなに耐震設計を強固に施しても、それを超える地震は来るでしょう。自然は私たちの意思とは関係なく、常に過酷です。

　「シビアアクシデントはマネージメントできるか？」、この質問にだれか一人でも自信を持って答えられる研究者がいたら、私は尊敬します。

　原発を運転する以上、シビアアクシデントは避けられません。過酷な事故は間違いなく、また起きます。

　事故が起きないために私たちができることはただひとつ、祈ることだけです。

III

原子炉建屋を吹き飛ばした「水素爆発」の脅威

事故発生から数日後、東京電力は一枚の写真を発表しました。

福島第一原発3号機の中央制御室に照明が戻った時の写真です。見ると制御盤の真ん中に、一枚の札がかかっていました。「3月11日14時47分スクラム」。

「スクラム」とは原子炉の緊急停止を意味します。まるでラグビーの選手がスクラムを組んで突進するように、原子炉の運転を止めるために、制御棒が一挙に圧力容器の中にある燃料棒に挿入されます。一枚の札は炉心の緊急停止が見事に功を奏した証です。

現場の運転員はおよそ3分にわたって続いた激しい地震の後、緊急停止が成功したことで、あそらくホッと胸をなでおろしたことでしょう。しかし、本当の危機は、「スクラム」を合図に始まったのです。

福島第一原発取材記

事故から8カ月たった2011年11月12日、東電福島第一原発が初めてマスコミに公開されました。私も第一陣の一人として、初めて現地を取材しました。撮影は厳しく制限され、わずか3時間の取材の間、バスから降りることも認められませんでした。しかし、映像で見なれた原子炉建屋も、現地で実物を見ると改めて破壊の大きさが実感され、事故収束への道のりが、いかに厳しいか、まざまざと思い知らされました。

前日の11月11日、まず事故処理の拠点となっているJビレッジがプレスに公開されました。福島第一原発からちょうど20キロの地点です。ここから先は警戒区域、一般の人たちの立ち入りは禁止されています。

「Jビレッジがあって本当に良かった」とは、ある政府高官が漏らした一言ですが、もしJビレッジがなければ、事故収束に向けた作業は、はるかに困難だったことでしょう。

かつてサッカー日本代表がキャンプを張り、世界一の天然芝とうたわれたグラウンドは、無残にも砂利と鉄板が敷き詰められ、工事用の車両などでほぼ埋め尽くされていました。

福島第一原発で働く作業員はほとんどがここから出動します。防護服と防

護マスクを装着し、個人線量計を受け取り、続々とバスに乗り込みます。夕方になると作業を終えた人々が戻ってきて、スクリーニングを受け、シャワーを浴び、食事に向かいます。車両は除染の対象です。入口のロビーではとん汁やみそ汁が無料でふるまわれていました。

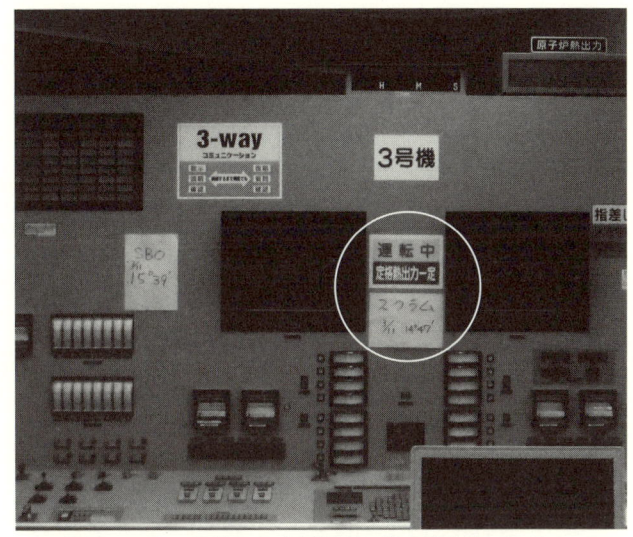

福島第一原発3号機の中央制御室に掲示された「3月11日14時47分スクラム」の札（写真提供／東京電力）

　防護服と防護マスクでの作業は、息苦しく不自由です。とくに夏場は熱中症が最大の敵だそうです。
　かつてグラウンドだったところに、1600戸もの単身寮が出現し、レストランやコインランドリーが整備されています。さらには医療施設、倉庫、ホールボディーカウンター（全身の内部被ばくを測定する装置）などの設備が整えられました。しかし、グラウンドのスコアボードの時計は地震の起きた14時47分を指したままです。
　また廃棄物の集積場には、事故処理にあたった作業員の防護服およそ48万着がコンテナに詰められていました。一日およそ3000着、処分の方法も決まらないまま、事故処理に当たった作業の証として、積み上げられていきます。
　事故後の3月17日から運用を開始したJビレッジのミッションは、まず放射性物質の拡散防止です。作業を終えた作業員や車両が、ここから外側に放射性物質を拡散させないための砦の役割です。
　Jビレッジは福島第一と福島第二原発の復旧支援の拠点として、最前線への人員や物資の輸送拠点の役割を担っています。ここで個人の放射線管理や車両の除染などが行われています。
　さらには自衛隊や消防庁などとの調整実務、それに作業員の緊急医療や健

康管理もJビレッジで行われています。

　翌12日午前10時、私たちは防護服に身を固めて、2台のバスに分乗してJビレッジを出発しました。東電福島第一原発への道のりはおよそ40分です。途中の楢葉町、富岡町、大熊町では対向車もパトカーばかりで、街中にも人の姿は見られませんでした。地震で崩れた家屋も放置されたままでした。
　「野生化牛に注意」の看板が目を引きました。避難の置き去りとなって放置された牛が野生化したのでしょう。「家に帰ってみたら飼い犬がニワトリをくわえていた」と語る住民もいました。原発事故の厄災は、生きるものすべてにのしかかっているのです。
　それにしても日本の田園風景はなんと美しいのかと、思わず息を飲む瞬間がある一方、無人の街と化した原発周辺の街々を見るにつけ、人間の営みのはかなさを感ぜざるを得ませんでした。
　午前11時前、バスは正門に到着しました。警備上の問題を理由に、正門の撮影も許可されませんでした。敷地内に入って5分ほどで、全体を見下ろせる高台に到着しました。
　福島第一原発の敷地はもともと35メートルの高台です。6機の原子炉は高台を海抜10メートルまで削って建てられました。一望するとまるで人工のリアス式海岸です。寄せては引く高波と異なり、海がせりあがるような津波では、「押し波」がぐいぐいと削られた台地を這い上がってきたのでしょう。
　東電が発表した津波の映像を見ると、駆け上がった波の先端は、40メートルの建屋をはるかに超えています。

　あらためて1号機から4号機に目をやると、今回の事故の大きさを実感しました。3月12日午後3時36分に水素爆発を起こした1号機はすでに建屋がカバーで覆われていました。あたかも何事もなかったかのように、白いカバーは不自然な光沢を放っていました。「臭いものにはフタ」でしょうか。
　2号機は3月15日早朝、圧力抑制室（Suppression Chamber〈サプレッション・チェンバー〉、通称「サプチャン」。格納容器の底部で大量の水が蓄えら

III　原子炉建屋を吹き飛ばした「水素爆発」の脅威

れている）付近で爆発があったとされていますが、高台のポイントから、破壊の程度を推し量ることはできませんでした。今回の取材ツアーは建屋の陸側を巧妙に避けて組まれていました。1号機から4号機の建屋の裾が、どの程度破壊されているのか、残念ながら確かめることができませんでした。

　その2号機の爆発は、2011年9月の政府IAEA（国際原子力機関）追加報告書からは削除されました。また東電の事故調査でも地震計の記録から4号機の爆発と取り違えた可能性があるとされています。

　しかし、15日早朝に2号機の圧力抑制室の圧力は急減し、放射性物質が大量に放出されたのは事実です。残念ながら「東京電力福島原子力発電所における事故調査・検証委員会（政府事故調）」や国会の事故調査委員会（国会事故調）でさえ、何が起きたのか、事実を解明できませんでした。

　最も無残な姿をさらしていたのが3号機です。3月14日午前11時1分、福島中央テレビ（FCT）の定点カメラが撮影した爆発の映像は、私の脳裏に焼き付いています。

　というのも、私が東京のスタジオで、事故の解説をしている最中に起こった爆発だからです。映像はほぼリアルタイムで放送され、1号機の爆発にも増して衝撃を与えました。

　あの時、まず大きな炎が上がったことに驚きました。録画された自分の放送を見てみると、何度も炎が出たことを強調していました。

　建屋を構成するコンクリートの本質は「水」です。コンクリートに熱が加わり、水分が飛ばされると、たちまちボロボロになります。私はまず建屋が崩壊してしまうのではないかと恐れました。

　同時に、建屋上部の構造物が垂直縦方向に大きく吹き飛ばされ、黒っぽい煙が黒雲のように立ち上りました。排気塔の高さが120メートルですから、おそらく500メートルをはるかに超えたでしょう。

　垂直方向のベクトルの原因が、格納容器にあるのではないかと、とっさに疑いました。

　放送中、私はかなり動転していました。「水素爆発」を「水蒸気爆発」と言い間違えるミスも犯してしまいました。あの瞬間、正直に言って、「もう終わりだ」と思いました。現場で目の前に現れた3号機を見ていると、悪

夢がよみがえってきます。

　落下する巨大な破片の下に作業員がいるかと思うと、放送中もいたたまれぬ気持ちになりました。実際、注水作業をしていた東電社員、協力企業社員、それに自衛隊員ら11人が負傷しました。

　3号機は現在もコンクリートの柱がようやく鉄筋に支えられ、今にも折れ曲がりそうです。現場では大型クレーンで撤去作業が行われていましたが、操作を誤ればコンクリートや鉄骨が使用済燃料プールに落下し、燃料棒を傷つけかねません。私にとって3号機の姿は、広島の原爆ドームと重なります。

　4号機の破壊も思ったより深刻に感じられました。3月15日の東電と保安院の発表は「火災発生」でしたが、実は水素爆発でした。定期点検のために取り外されていた格納容器の黄色い蓋が、高台からもはっきりと確認できました。

　また使用済燃料プールの一部と燃料を釣り上げるクレーンの一部が壊れた建屋からのぞいていました。

　3月15日の早朝、4号機爆発の一報を聞いた時、思わず絶句しました。「使用済燃料プールには格納容器がない」という当たり前の事実を思い起こし、「今度こそ本当に終わった」と感じたことを覚えています。

　一連の原発事故の解説を担当して、放送中に背骨がずるりと抜けるような恐怖と無力感に襲われたことが三度あります。初めが14日の3号機水素爆発、二度目が14日深夜の「2号機空炊き」、三度目が4号機の爆発です。

　高台から4機の原発を眺めた時、自分がそこに立っていることが、不思議な感じに襲われました。

　バスは敷地内を海側に下っていきます。防護服に防護マスクの作業員が、水処理用のタンクなどの建設に忙しく立ち働いています。

　汚染した高レベル廃液を処理する集中廃棄物処理建屋を通り過ぎると海側に出ます。石を土嚢に詰めて積み上げた仮設の防潮堤で視界が遮られます。

　4号機のタービン建屋に差し掛かるとサーベイメーター（放射線測定装置）の線量が上がり始めました。4号機と3号機の間では線量率が1時間当たり1000マイクロシーベルトに達しました。年間の被ばく線量を1時間で浴び

III 原子炉建屋を吹き飛ばした「水素爆発」の脅威

ることになります。

バスの外ではおそらく2倍に跳ね上がるでしょう。

東電が発表しているサーベイマップ（放射線量分布図）では、1号機と2号機の間で10シーベルト、つまり1時間で致死量に達するポイントもあります。

敷地内の作業は極めて高い放射線量の中で行われています。しかも防護服と防護マスクという不自由な環境で、コミュニケーションもままなりません。

私たち記者もわずか3時間余りの取材でしたが、防護マスクを外した時の爽快感は忘れられません。

バスが海側を通る時も、カメラを原子炉側に向けることはできませんでした。「入口の位置を明示することは、セキュリティー上問題がある」とのことでした。カメラには津波で流されたトラックやタンクの映像が収められました。

1号機を過ぎたあたりに、原子炉に水を送った3台のポンプがトラックに積まれたままとなっていました。とても小さいのに驚きました。3台のポンプは錆が付きはじめていましたが、チャイナシンドローム（溶融した燃料が格納容器に穴をあけて地中まで穿つ現象）をかろうじて防いだ記念のポンプとして、博物館に飾るくらいの価値はあるだろうと感じました。

バスは予定を変更して、5号機、6号機に向かいました。途中、外部電源の喪失につながった鉄塔の倒壊場所を通りました。20メートルほどの鉄塔がぐにゃりと曲がったまま、土の上に放置されたままとなっていました。

最後に免震重要棟（地震が起きても原子炉の操作が可能なように設置された建物。2007年の柏崎刈羽原発事故の教訓で建てられた）を訪れました。もしこの建物がなければ、事故はさらに深刻な道をたどったと思われます。というのも、各原子炉の中央制御室は、放射線量が上がり、運転員すら長時間とどまることができなかったからです。免震重要棟がなければ、事故処理は参謀本部を欠いたまま、さらに迷走したに違いありません。

PHSや携帯を含め、ほとんどの通信手段が使えなくなりましたが、免震重要棟の光回線が生きていたことから、東京の本店とのテレビ会議も可能となったのです。

吉田所長が語ったこと

　現地取材の最大の収穫は現場指揮官の吉田昌郎所長の話を直接聞くことができたことです。2011年11月に、吉田所長が病気入院して所長を退いた現在、ほとんど唯一の肉声ですので、詳しく記録しておきたいと思います。

　吉田所長はまず、細野大臣、園田康博政務官らと、ミーティングを行いました。その席で細野大臣が「政府として年内に第二ステップを終了したいと思っているが、現場を預かる責任者としてどう考えますか？」と聞いたのに対して次のように語っています。（筆者注＝「第二ステップ」とは、「冷温停止状態」を達成し、放射性物質の放出が管理・抑制された状態と定義されています。）
　「ポイントは原子炉が安定しているかどうかが一番重要だと思っています。私としてはプラントは安定していると考えています。ただ、冷温停止という定義の問題や炉内の状況は本店などの解析で評価してもらう必要があります。プラントがきょう明日、異常になるという状態からは、全然遠ざかった状態にあるということは私は確信しています。逆に言うと、不安定な状態であれば、3000人の作業員を受け入れることを僕は拒否しますので……」
　おそらく細野大臣は「僕は拒否します」という表現を「言葉のあや」として受け取ったでしょう。しかし私はこれが本音と感じました。
　また吉田所長は明確に「冷温停止」という言葉を避けたがっていました。細野大臣が「年内達成は大丈夫ということですか？」と再度水を向けましたが、吉田所長は「安定しているという観点では確信しています。あとは本店を含めてどうしっかり説明するかですね」と、あくまで「安定しているに過ぎない」ととれる言い方をしています。
　このあと別室で吉田所長は細野大臣とともにインタビューに応じました。免震重要棟の壁には何枚もの寄せ書きが貼られています。「未来」「心はひとつ」などと書かれた寄せ書きは、殺風景な緊急対策室に一服の清涼剤となっているようです。
　「まず福島県の皆さん、私が責任者となっている発電所で大きな事故を起こし、ご不便をかけたことを心からお詫び申し上げます。3月以降、かなり

III　原子炉建屋を吹き飛ばした「水素爆発」の脅威

厳しい場面もありましたが、やっと8カ月たちました。政府や民間の協力もあって、安定な状況にもってこれたことを心より感謝申し上げたいと思います。この間、福島県の方々もそうですが、日本全国、世界から支援のお手紙や寄せ書きをいただき励みになりました。とくに被災地の福島からいただいたことは励みになりました。これに対し心より感謝いたします」

　吉田所長を英雄視することはできません。しかし、吉田所長ほど率直に自分の言葉で語った東電幹部はいませんでした。
　「一番厳しい時期はいつでしたか？」との私の質問に、次のように答えました。
　「やはり3月11日から一週間が一番、次がどうなるか想像できない中で、できる限りやっていたということで、感覚的にいうとこの一週間、まあ極端な言い方をすれば、死ぬだろうと思ったことが数度ありました」
　私は「死ぬだろう」という言葉に、「死ぬかもしれない」とか「死にそうだった」という比喩とは異なる、死への覚悟のようなものを感じました。
　この感覚は当時現場にいた運転員の共通の認識だったと思います。東電はその後、運転員へのヒアリング結果を断片的に公表していますが、その中に次のような運転員のコメントがあります。
　「3号機がいつ爆発するかわからない状態であったが、次に交代で行かなければならなかった。本当に死を覚悟したため、郷里の親父に『俺にもしものことが起きたら、かみさん、娘をよろしく』と伝えた」
　「中操（中央操作室＝中央制御室）で3秒に0.01mSvずつ上がり始めて、なかなか出られない時は、もうこれで終わりなんだと思った」
　「恐怖心というよりも電源を失って何もできなくなったと思った。若い運転員は不安そうだった。『操作もできず、手も足も出ないのに我々がここにいる意味があるのか、なぜここにいるのか』と紛糾した」
　電源喪失という経験したことのない事態に、すべての運転員が「死」と直面したことは間違いありません。
　一方、吉田所長は「原子炉の状況は？」という質問に対しては次のように答えました。

「私がこの発電所の横でデータを確認している限り、原子炉が安定になっていることは間違いありません。ただ安定しているといってもすごく超安全ということではなく、作業をする面ではやはり線量は高いし、日々の作業をするにはまだまだ危険な面があります」

さらに水素爆発の報に接した時の感想を聞かれると、詳しくは事故調査・検証委員会に全部話しているのでといいつつ、次のように語りました。

「感覚だけ言えば、外でポンという音を聞きました。報告というより、『なんなんだ』という風に聞きました。現場から帰ってきた人たちから、『1号機が爆発しているみたいだ』という情報が入ってきました」

「3号機は音と画像で、NHKだったかな、4号機の時は本部にいましたが、音は聞いていますが、2号か4号かわからない状況でした」

現場の混乱が手に取るようにわかります。画像はNHKではなく、地元の福島中央テレビが撮影したものですが、免震重要棟のチームにとってもこの映像が役立ったことは間違いありません。

「『死ぬかと思った』とは具体的にどういうことですか」という質問には次のように答えました。

「たとえば1号機の爆発があった時に、どういう状況で爆発したのかわからなかった。現場からケガした人間が帰ってくるという状況で、最悪、格納容器が爆発しているとなると、大量の放射能が出てくる。そこでコントロールが不能になってきます。それから3号機の爆発。2号機の原子炉に注水する時に、なかなか水が入りませんで、そういう中で一寸先が見えない。最悪メルトダウンがどんどん進んで、コントロール不能という状態があったので、その時に終わりかなと感じました」

一方、課題については人材の確保を第一に上げました。

「特段困っていることは、やはり被ばくの問題ですとか、どういう形で人を回していくだとか、そのへんが頭の痛い課題です」

Jビレッジでも「最近人が減ってきている」と作業員が語っていました。放射線量が高く、防護服での過酷な労働に、マンパワーの確保が困難な状況になっていることをうかがわせます。

最後に「全交流電源の喪失」の想定について聞かれると、「個人的に言え

Ⅲ　原子炉建屋を吹き飛ばした「水素爆発」の脅威

ばそういう想定が甘かった」と認めました。

　今回の事故の本質は、津波でも地震でもありません。原発が電源喪失に対して極めて脆弱だという点です。電気を作る原発が、電気がなくて自爆するという、世界最悪のブラックジョークが、現実となったのです。

　東電は「想定外の津波が原因」と、自然災害を強調して責任逃れに終始しています。東電、および東電の経営者の「刑事責任」をうやむやにしてしまわないために、何が原因で、何が起きたのか、じっくりと見ていく必要があります。

　東京電力は2011年11月、吉田所長が「食道がん」であると発表しました。また原発事故に関連しておよそ70ミリシーベルトの放射線量を浴びたことを公表しました。吉田所長の病気を理由に、東電は事故を最もよく知る男の口を封じてしまうのではないかと、私は危惧しています。

　吉田所長は政府事故調のヒアリングに長時間応じています。その一部は2011年12月26日に発表された「中間報告」に記載されていますが、極めて断片的な記述です。事故原因の解明のために、事故調はヒアリング結果のすべてを実名入りで公表すべきだと思います。とくに政府事故調は、「歴史の検証に耐える」報告書を書くと宣言しています。匿名では、「歴史の検証」に耐えません。

「事故収束」の厚顔無恥

　2011年12月16日、野田首相は記者会見して、「事故は収束した」と得意げに宣言しました。これにはさすがに原子力ムラの専門家からも失笑が漏れました。

　原子炉建屋はおろか、周辺にも人が近づけない環境で、「事故収束」などあり得るのでしょうか？

　政治家の常識と一般常識がかくも隔たっていることに、なぜ政治家は気づかないのでしょうか？

　野田首相は記者会見で次のように述べました。

本日は原発事故に関する大きな節目を迎えましたので、冒頭、私から国民の皆様にご報告させていただきます。(中略)原発それ自体につきましては、専門家による緻密な検証作業を経まして、安定して冷却水が循環し、原子炉の底の部分と格納容器内の温度が100度以下に保たれており、万一何らかのトラブルが生じても、敷地外の放射線量が十分低く保たれる、といった点が技術的に確認されました。これを受けて本日、私が本部長を務める原子力災害対策本部を開催し、原子炉が冷温停止状態に達し、発電所の事故そのものは収束に至ったと判断されるとの確認を行いました。これによって事故収束に向けた道筋のステップ2が完了したことをここに宣言いたします。

　事故収束に向けた工程表は、事故から1カ月後の2011年4月17日に、ステップ1(「安定した冷却」)が公表されました。4月の段階では、東電も政府もメルトダウンを認めていません。「炉心損傷」という便利な言葉が使われていました。政府がメルトダウンを認めたのは、事故から2カ月近くたった5月12日です。

　7月17日、工程表のステップ2が発表されました。とにかく冷却しなければならなかった初期の対応から、注水しては増え続けるいわゆる「汚染水」、正しくは高レベル放射性廃液を循環させながら冷却するというのが、ステップ2の核心でした。
　その意味では、曲がりなりにもステップ2は「完了」したということができるかもしれません。
　ところが、野田首相はこれをもって「事故収束」を宣言してしまったのです。厚顔無恥と言わざるを得ません。
　事実、福島の誰に聞いても、「事故収束」を信じる人はいませんでした。民主党内でも馬淵澄夫議員らははっきり、「事故は収束していない」と述べました。国会に設けられた事故調査委員会(国会事故調)の黒川清委員長も同様の反応でした。
　事故から2年以上たった今でさえ、「事故が収束した」と信じている人は、

Ⅲ　原子炉建屋を吹き飛ばした「水素爆発」の脅威

果たしてどれほどいるでしょうか？

　そもそも「冷温停止」とは、健全な原子炉が安全に停止して、健全な冷却装置で連続的かつ安定的に原子炉の中で冷却される状態を指します。通常は3日ほどで冷温停止となり、3年ほど「冷温停止」が続くと、ほとんど冷え切って、使用済燃料プールから取り出して、キャスク（金属製の容器）などで運び出すこともできるようになります。

　今の東電福島第一原発はどうでしょう。

　まず1号機、2号機、3号機ともに、格納容器が破壊されています。格納容器は厚さ5センチの鋼鉄製で、その名の通り放射性物質を「格納」して、環境中に放出しないためのいわば最後の砦です。

　その砦が破壊されているのです。しかも、どこに穴が空いているのか、事故から2年がたった現在もわかっていません。

　またメルトダウンして溶けた燃料はどこにあるのでしょうか？

　いろいろなシミュレーションが行われていますが、決め手はありません。もっと正確に言うと、本当にメルトダウンしているかどうかさえ、まだ誰も確認していないのです。

　原子炉の中がどうなっているか知るためには、「地獄の釜の蓋」と呼ばれる原子炉格納容器、そして圧力容器の蓋を開けてみるまで誰にもわかりません。

　仮に東電の報告書にある通り、たとえば1号機では格納容器の底に大半の溶けた燃料がたまっていたとします。圧力容器の底部と格納容器の温度が100度以下になったことは、溶けた燃料が100度以下になったことの証明になりうるでしょうか？　答えはNOです。

　何トンもの溶けた燃料の外側だけ冷えて、中はまだ温泉まんじゅうのあんこのように熱いまま、ということはないのでしょうか？

　余震で溶けた燃料の配置が変わり、冷却できなくなることはないのでしょうか？

　そもそも冷却水は何を冷やしているのでしょうか？

　本当に溶けた燃料を冷やしているのでしょうか？

　さらには、壊れた配管のどこかにまだ水素が溜まっているかもしれません。

1号機から3号機まで、水素爆発を防ぐために不燃性の窒素を封入していますが、窒素がすべての配管に行き届いているかどうか、確認する手立ては現在のところありません。不活性ガスの放射性キセノンが検出されたという発表では、「再臨界」（燃料と水が特殊な配置を取り、予期せぬ臨界が起きること）の可能性さえ疑われました。
　どこが「冷温」で何が「停止」なのでしょうか？
　野田首相は「専門家による緻密な検証を経まして」と述べています。ということは、原子力安全・保安院はもちろんのこと、原子力安全委員会も野田首相の「見解」を認めたということです。誰か一人くらい反論しなかったのでしょうか？　異議を唱える専門家はいなかったのでしょうか？
　野田首相の「事故収束宣言」の背景には「事故」を「矮小化」しよう、「できれば葬ってしまおう」「忘れてしまおう」という暗黙の力が働いているように感じてなりません。
　現実には事故収束への道のりはまだ始まったばかりです。
　リスクは山積みです。まず大量の汚染水、高レベル放射性廃液をどのように処理するのでしょうか？
　放射性物質を取り除くいわゆる水処理システムは稼働していますが、地下水の流れ込みなどにより、廃液の量は減りません。この廃液が海に放出された時、太平洋側は放射能の海と化します。日本が立ち直れないくらいの国際的な非難を受けるでしょう。
　水を処理すればするほど、スラッジ（汚泥）やフィルターなど廃棄物は増える一方です。放射能の厄介なところは、プロセスを増やせば増やすほど廃棄物の量が増えることです。しかも放射能の全体量は変わりません。放射能が半減期よりも短く減少することはありません。半減期30年のセシウム137は、30年たつとようやく半分になるだけです。60年でそのまた半分の4分の1です。90年たっても9分の1で、これ以上のスピードで減ることはありません。
　いわゆる「循環注水冷却システム」は、全長4キロ以上の長いラインです。つまり高レベルの廃液が建屋の外に出て、敷地の中を4キロにわたって循環しているのです。

III 原子炉建屋を吹き飛ばした「水素爆発」の脅威

こんな「状態」は世界のどこにもありません。余震で崩壊するリスク、津波でラインが切れるリスク、ヒューマンエラーなど、とても野田首相が言うように「万一何らかのトラブルが生じても、敷地外の放射線量が十分低く保たれる」とは思えません。

原子力ムラの重鎮で、NHKに解説出演した岡本孝司東京大学大学院教授でさえ、「『冷温停止状態』ではなく、『安定冷却状態』だ」と語っています。私は「安定」ですらないと思っています。「循環注水冷却システム」は、故障や人為ミスで何度も停止していて、とても「安定」している状況ではありません。余震が来れば、いつ途切れるかもしれません。

決定的に重要なことは、福島第一原発全体が放射性廃棄物の塊であり、作業員が安心して作業を行える環境にないということです。建屋の外でさえ線量率が1時間当たり10シーベルトを超える危険箇所があります。人が1時間浴びると確実に「死」に至ります。こうしたポイントがまだ敷地内のどこに潜んでいるかわかりません。

ましてや、建屋の中はさらに高線量が予想されます。格納容器の修理には確実に作業員を建屋の中に送り込まなければなりません。野田首相の言葉とは裏腹に、「万一何らかのトラブル」が生じたら、作業員は建屋に近づくこともできなくなるでしょう。

水素爆発の衝撃

「平和利用」という名の原子力開発が本格的に始まったのは1953年にアメリカのアイゼンハワー大統領が行った「Atoms for peace」（平和のための原子力）という有名な演説からです。

それから今日までおびただしい回数の事故が発生しました。1979年のアメリカ・スリーマイル島原発事故、1986年の旧ソビエト連邦チェルノブイリ原発事故は、その最たるものであり、また氷山の一角です。

しかし、原発本体が爆発し、それをカメラが映像として捕らえ、放送を通じてほぼリアルタイムで全世界に伝えられたのは東電福島第一原発事故が初めてのことです。

1号機の水素爆発は3月11日に津波で全電源を喪失してからほぼ12時

間後の12日午後3時36分です。3号機の爆発は14日午前11時1分です。また15日午前6時すぎには、定期点検中で原子炉に燃料が装荷されていなかった4号機でも爆発が起きました。

　2号機については依然不明なことばかりです。当初、15日午前6時頃、圧力抑制室付近で爆発と伝えられました。6月にIAEA（国際原子力機関）に提出された「政府IAEA報告書」にも記載されていましたが、9月に提出された「政府IAEA追加報告書」では削除されています。

　さらに東電が2011年12月に公表した「福島原子力事故報告書」（東電中間報告書）では、「3月15日6時10分頃に確認された大きな音（爆発）は、正確には6時12分に4号機で発生した爆発音と判断した」と述べられているほか、12月に公表された政府事故調の中間報告書では、2号機で爆発的な現象があったことさえ言及されていません。2号機は謎に包まれています。

　1号機と3号機の爆発の映像は、日本テレビ系列の福島中央テレビ（FCT）の定点カメラが捕らえました。4号機と2号機については、当日の天候が悪く、霧がかかって捕えることができませんでした。爆発的な現象があれば、定点カメラが揺れる可能性もあると思って、何度も映像を調べましたが、残念ながら4号機と2号機の爆発の痕跡は得られませんでした。

　まず、この映像がどのように撮影され、放送されたか検証してみましょう。

　福島中央テレビ（FCT）の佐藤崇報道制作局長によると、FCTが定点カメラを設置したのは茨城県で起きたＪＣＯ（住友金属鉱山の子会社である核燃料加工会社の株式会社ジェー・シー・オー）の臨界事故後の2000年でした。カメラの位置は福島第一原発から南南西に17キロ、無人の送信所に映像を伝送する回線とカメラを制御する回線とともに設置しました。映像は24時間収録されるシステムです。

　2006年、地上波のデジタル化に伴って、FCTは福島第一と第二から2キロの地点にハイビジョンのカメラを据えつけました。他社も追いかけるようにカメラを設置しました。FCTはもともとの標準カメラについて、位置が原発から遠く離れているうえ、メンテナンスコストもかかることから、撤去も検討しましたが、結局、バックアップとして残しておきました。

　ところが今回の地震で他社を含めてハイビジョンのカメラは壊れてしまい、

III 原子炉建屋を吹き飛ばした「水素爆発」の脅威

もとの標準カメラだけが生き残り、撮影に成功したのです。

皆さんは定点カメラというと、カメラを設置して置いておくだけと思うかもしれませんが、実はレンズが曇れば山を登ってレンズを拭き、カメラだけでなく伝送回線や制御回線のメンテナンスを定期的に行わなければならないのです。

また定点カメラは別名「お天気カメラ」とよばれるように、天気予報で使われます。そのたびに、原発以外の方向にも向けられましたが、FCTが徹底していたのは、「使い終わったら必ず原発の方向にカメラを向ける」という決めごとです。今回の爆発映像はこうした地道な努力のたまものなのです。

佐藤局長によると3月12日午後、東電がベントを実施するとの情報をもとに定点カメラの映像に注視していました。14時過ぎから普段は見られない白い煙が福島第一原発から上がっているのが確認されました。おそらくベントによって放出された気体だと思われます。しかし、当時報道局内は津波の被害などの放送に追われて、原発の異変に対応できる状況ではありませんでした。

そして3月12日午後3時36分、CGを担当していたスタッフが「煙！」と大きな声を上げました。すぐにビデオを再生すると爆発的な現象が撮影されており、何が起きているか正確にはわからなかったものの、深刻な事故である可能性があると考えて、4分後の3時40分に放送しました。

状況がつかめない中で、アナウンサーは「先ほど福島第一原発の1号機付近から大きな煙が上がり、現在、北に向かって流れています」と、事実だけを伝えました。

政府事故調の報告書では、吉田所長以下、当初タービン建屋で爆発が起きたと思っていましたが、この放送によって初めて1号機の建屋で爆発があったことを把握したとしています。

一方、キー局の日本テレビはFCTから伝送された映像をどのように放送するか、悩みました。映像をきちんと分析して伝えるため、専門家を呼び、午後4時50分に全国中継で放送しました。

駆け付けていたのは東京工業大学の有富正憲教授です。有富教授は1号機の爆発を、「爆破弁を意図的に開放したもの」と解説しましたが、全くの

157

2011年3月12日午後3時、1号機爆発の第一報を伝える福島中央テレビの映像（写真提供／福島中央テレビ）

的外れでした。有富教授はその後、政府参与となり、菅直人首相に助言する立場となりましたが、専門家も「安全神話」の虜囚だったのです。

のちに有富教授は、この映像を見て、異常な放出、水素爆発、水蒸気爆発、格納容器の破損の4つを思いついたが、異常な放出が一番無難だったので、そのように話したと語っています。後付けではなんとでも言えますが、大切なのは事故の瞬間にどう判断するかです。

官邸の地下にある危機管理センターに詰めていた高官によると、政府が危機的事態を把握したのは、間違いなく日本テレビの放送からだったということです。

2日後の3月14日午前11時1分、今度は3号機が爆発しました。私がニュース解説のために原稿を準備していると、スタッフの一人が「爆発！」と叫びました。

日本テレビのフロアは沸き立つように騒然として、私はただちにカメラの前に連れ出されました。私は何も情報がないまま、ほとんどリアルタイムで解説を余儀なくされました。

初めて3号機爆発の映像を見た時、本当に体が崩れそうになるほどショックでした。

しかし、テレビの解説では冷静さを失うことは許されません。大げさな言い方ですが、私が不安で頼りない表情になると、視聴者はもっと不安になります。テレビとはそういうメディアなのです。

一見して、1号機の爆発とは異なっていました。垂直方向に非常に高く噴煙が上がっていること、激しい炎が見えたこと、巨大な構造物が落下していること、その下で作業員が作業をしていることなどを伝えました。

Ⅲ　原子炉建屋を吹き飛ばした「水素爆発」の脅威

あまりに動転していたのでしょうか、「水素爆発」というべきところを「水蒸気爆発」と言ってしまうミスも犯しました。

報道局で取材している記者の間にも動揺が広がりました。このまま会社にいても大丈夫だろうか……と。

この時私は覚悟を決めました。今回の事故は最後まで看取ってやる、と。

爆発映像から何を読み解くか

ところで原発爆発の映像は大変多くの情報を含んでいますが、東電も政府事故調も、爆発映像をきちんと分析した形跡はありません。日本テレビは燃焼工学の専門家である秋田県立大学の鶴田俊教授と映像の詳細な分析を行いました。その結果、政府や東電が爆発を過小評価しているのではないかという疑いを持つに至りました。

まず1号機の爆発する瞬間の映像です。3月12日午後3時36分です。

テレビ放送は1秒間に30コマの静止画像で構成されていますので、鶴田教授はそれを1コマずつに分解しました。

すると箱のような建屋の一隅が壊れ、気体のようなものが噴出しているのがわかります。次の瞬間、建屋南東側の角からオレンジ色の炎が上がります。炎が見えるのはわずか15分の1秒です。また衝撃波のような縞模様が建屋上方に現れます。建屋の構造物は主に水平方向に飛び散ります。

画像処理をしてみると、建屋屋上部分の金属製構造物が一瞬ふわりと浮き上がって、落下するのが確認できます。のちに公開された1号機の上からの写真では、骨組みだけになった金属製の構造物を確認することができます。

灰色がかった煙は免震重要棟から5号機、6号機の方向に流れていきます。排気塔の高さが120メートルですから、煙は200メートルくらいに立ち上りますが、それより上には上がらず、むしろ地面を這うように流れています。

煙が一定の高さより上がらなかったことから、放出された気体は水分をかなり含んでおり、空気と同等かそれより重いことがわかります。また可燃性の気体ではありません。

おそらく格納容器から水素とともに大量の水蒸気が建屋に充満し、爆発とともに放出されたのでしょう。

1号機爆発の瞬間。1号機建屋最上部から一瞬炎が上がる。建屋は卵の殻を割るように上部から破壊。

爆発直後、建屋内部から気体が噴き出す。炎は消えていることから気体は水蒸気を含んだガスとみられる。「爆燃」と呼ばれる現象とみられる。

建屋の構造物は水平方向に吹き飛び、白い煙が広がる。煙は排気筒の高さ（120m）に立ち上ったあと、免震重要棟方向に向かう。

白い煙は、一定の高さ以上には上がらず、海岸線を這うように5号機、6号機の方向に向かう。多数の作業員が電線復旧作業を行っていた。

白い煙は放射能の雲（プルーム）となって北西方向に流れた（写真提供〈前ページ4点も〉／福島中央テレビ）

　当然、強い放射能を含んでおり、敷地はプルーム、いわゆる放射能の雲に覆われました。この放射能の雲は地表を這うように拡散し、周辺に広がり、枝分かれして、雨や雪などで地上への沈着を繰り返して、大地を汚染していったのです。

　格納容器の気体を放出するベントは、通常高さ120メートルの排気塔を通して行われるため、比較的早く大気中に拡散します。しかし、水素爆発では地表に近いところから放射能の雲が吹き出すことから、敷地周辺の放射能汚染ははるかに高いレベルとなります。周辺で作業をしていた人たちに、急性障害が出なかったことは僥倖でしかありません。

　大熊町で住民の避難などにあたっていた福島県警の警察官は、福島第一原発で爆発音のあと、白い煙が立ち上がり、空から白い綿のようなものが降ってきたと証言しています。「白い綿のようなもの」は、建屋の構造物や配管に含まれていた保温材でしょうか。

　一方、原発から10キロにある浪江町の苅野小学校に避難していた人々も、爆発を目撃しました。彼らはちょうどグラウンドで炊き出しのおにぎりを食べていました。放射能の雲は彼らの頭の上を通過した可能性があります。

　政府事故調の中間報告書によると、1号機爆発当時の現場での認識につい

て、次のように述べています。

     ＊   ＊

　1号機R/B（筆者注＝原子炉建屋）爆発時、発電所対策本部のある免震重要棟にも下から突き上げるような衝撃があった際、発電所対策本部及び本店対策本部は、何が起こったのかすぐには把握できなかった、

　当初、吉田所長は、地震が起こったのかと考えたが、そのうち、「1号機R/Bの一番上が柱だけになっている」旨の報告が入り、1号機R/Bの状況を見に行くよう指示した。

　その後、吉田所長は、現場確認に行った者から、1号機R/Bで火花が出ているとの報告を受け、1号機T/B（筆者注＝タービン建屋）にある発電機に水素が封入されているので、この水素が静電気等に反応して爆発したのではないかと考えた。

　しかし、引き続き、1号機T/Bが爆発により壊れた形跡が見当たらないとの報告が入り、吉田所長は、1号機T/Bにある発電機に封入された水素ガスが爆発の原因ではないかと考えた。

　3月12日15時40分頃、1号機R/Bの爆発がテレビの映像で流れて爆発の状況が把握でき、さらに、15時57分頃、1号機の原子炉水位計が爆発前と変化なくTAF-1700mm（筆者注＝燃料の頂部から上に1700ミリ程度）を示しており、原子炉圧力容器が爆発・破損したわけではないと考えられた。そのため、発電所対策本部及び本店対策本部は、1号機R/B上部で水素爆発が起こった可能性が高いと考えた。

     ＊   ＊

　このように現場では当初、タービン建屋で爆発が起きたと考えたようですが、1号機の原子炉建屋が吹き飛ぶ福島中央テレビの映像を見て、事態の深刻さを再認識したのでした。逆に福島中央テレビの映像がなければ、事態の把握はもっと遅れていたでしょう。

　鶴田教授の分析によると、1号機爆発の時の火炎の伝播速度は1秒間に150メートルで、いわゆる「爆燃」という現象でした。

　火炎の伝播が音速の1秒間340メートルを超えると「爆轟」と呼ばれます。専門家の中には1号機、3号機ともに「爆轟」と解説した方々がいまし

1号機爆発で破壊された旧事務本館内部（2011年3月29日撮影。写真提供／東京電力）

たが、今回の水素爆発では1号機、3号機ともに「爆轟」は起きていません。

1号機の水素爆発がいかに激しかったか、200メートルほど離れた旧事務本館がめちゃめちゃに破壊されたことからもわかります。旧事務本館は2階から4階まで、分厚い窓ガラスは吹き飛び、内部は銃撃戦があったかのような惨状です。

一方、3号機の爆発の様子は1号機とかなり違っています。まず原子炉建屋上部の一角から気体が噴出し、発火します。1号機より、炎ははっきり見えますし、時間も長く続きました。

黒っぽい煙が垂直方向に立ち上り、一緒に吹き上げられた建屋上部の構造物がバラバラと降り注ぎました。煙は500メートル以上に吹き上がりましたが、炎が燃え移ることはありませんでしたので、建屋に滞留していた気体は不燃性だったと思われます。

放送中、私は上方に吹きあがる黒っぽい煙にすっかり目を奪われてしまいました。しかし、よく見ると建屋下部から白い水蒸気のような気体がモクモクと湧き上がり、地表を這い上がっている様子がわかります。高く上がった

3号機爆発の瞬間。建屋最上部南側から気体が噴き出し、発火、大きな炎が上がる。

黒煙が上方に噴き上がると同時に、建屋下部から白い煙が幾筋かに分かれて噴き出す。

黒煙は500メートル以上に噴き上がり、大きな構造物が落下する。3号機付近で作業をしていた自衛隊員ら11人が負傷。

建屋上部から噴き出した白い煙は海岸から台地に這い上がる。水蒸気を含んだ重い気体とみられる。

垂直に立ち上った黒い煙は南側に流され、逆に白い煙は地を這うように北西方向に流れた（写真提供〈前ページ4点も〉／福島中央テレビ）

黒い煙は海の方に流れましたが、地表付近の白い煙は免震重要棟に向かって、地を這って行くのがわかります。白い煙は水蒸気を含んだ空気より重い気体です。

鶴田教授は「大量の水蒸気が存在する圧力抑制室が破壊された可能性がある」と指摘しました。

2012年3月、東電は2号機と3号機地下のトーラス室（格納容器の下部である圧力抑制室が置かれている部屋）付近に作業員が入って、調査を行いましたが、その時の写真を見ると、3号機トーラス室の扉は内側からの強い圧力が加わり、曲がって開けられなくなっていましたが、大きな水素爆発があったようには見えませんでした。

3号機地下トーラス室。内部からの圧力で、ドアーが外側に彎曲している（2012年3月14日撮影。写真提供／東京電力）

3号機が1号機より激しく爆発した原因は、当初私にはまったくわかりませんでした。しかし、建屋の構造を調べてみると、3号機の方がはるかに堅

牢に作られていました。鶴田教授の計算によると、爆発する瞬間の建屋内部の圧力を比べてみると、1号機は約1.3気圧ですが、3号機は2.5から3気圧近くまで上がっています。3号機の方が頑丈に作られており、それが逆に爆発の規模を拡大させた可能性があります。

　壊れることを想定して柔らかく作るか、放射能の最後の砦として堅牢に作るか、建屋の設計思想の問題です。

　ちなみに、1号機はアメリカのゼネラル・エレクトリック社（GE）から、丸ごと購入した原子炉ですが、2号機はGEの技術指導の下で東芝が製造、3号機は東芝がほぼ独力で製造しました。4号機は日立で、以後、沸騰水型原子炉は日立と東芝が交互に受注する体制ができました。3号機はある意味で初の商用純国産沸騰水型原子炉でした。

　3号機の水素爆発は1号機の爆発の後、予想されていました。政府事故調の中間報告書によると、3号機の爆発を防ぐための方策が検討されたと書かれています。

　「3月13日早朝には既に、発電所対策本部及び本店対策本部では、1号機以外のR/B（筆者注＝原子炉建屋）でも同様の水素ガス爆発が生じることを懸念し、水素ガス爆発を防ぐために種々の方策を検討した」

　対策としてはまず、非常時に建屋のガスを処理して大気中に排出するシステム（非常用ガス処理系〈SGTS〉）を利用する手が考えられましたが、電源喪失により機能しないことがわかりました。

　次に3号機の建屋の天井や壁に穴をあけて水素を逃がすことを考えましたが、作業による火花などで逆に水素に引火しかねないことから、これも断念しました。

　さらに建屋の壁には、水蒸気が充満した時に自動的に外れるブローアウトパネルが取り付けられており、これを手動で外すことが考えられましたが、そのためには作業員が建屋の中に入らなければならず、放射線量が高いうえ、水素が充満する中での作業となり、危険が大きすぎることから作業は不可能と判断されました。

　最後に最もリスクが少ないウォータージェットで建屋の壁に穴をあける手段が検討され、準備に入っていましたが、そうこうするうちに3号機は爆

発してしまったのです。

　これらの検討状況は、東電が公開した会議のビデオにも収録されています。

　3号機爆発の時には、すぐ近くで電源回復のために作業員や自衛隊員が作業をしていて、11人が負傷しました。ある自衛隊幹部は「東電にだまされた。東電は安全な作業だと言っていた。危険がわかっていれば装甲車を使った」と怒りをぶつけています。

　それにしても、上方に激しく噴出した黒い煙の原因物質は何だったのでしょうか？

　いまでも私にはわかりません。

水素爆発から逃げられない

　水素爆発について、いくつかポイントを整理します。

　第一に水素爆発が起きると、ほぼ例外なく配管などが破壊される点です。これは原発だけでなく、他のプラントで起きた水素爆発の研究からも明らかです。

　東電のホームページにも、1996年頃から水素の燃焼によるとみられる配管の損傷が少なくとも8件あったことが記されています。水素爆発による配管の損傷事故としては、2001年の浜岡原発1号機の水素爆発が典型的な例です。

　原子炉建屋の中は配管が蜘蛛の巣のように張り巡らされています。配管の数はおよそ5万本、配管をすべてつなぎ合わせると100キロメートルに及ぶと言われています。

　福島でも水素爆発によってこれらの配管が大きなダメージを受けたことは間違いありません。そして配管や建屋の損傷により、格納容器から漏えいした放射性物質が一気に環境中に放出されたのです。

　第二に原子炉の中で水素が大量に発生することは、原子力開発が本格化した1960年代からすでに知られていたという点です。

　原子炉の中で水素が発生するメカニズムについては、主に2つの反応が

水・ジルコニウム反応

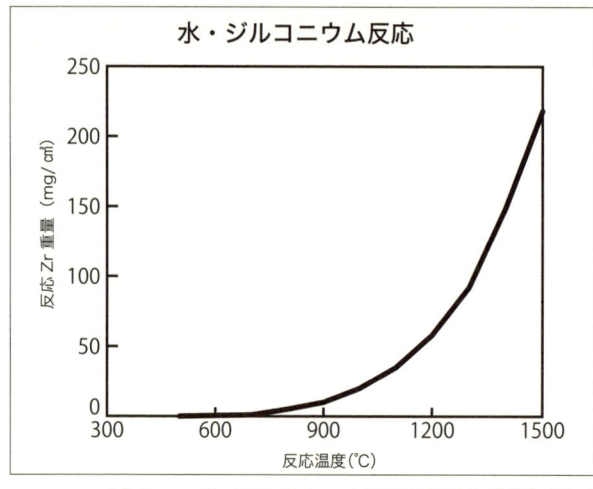

（グラフ：横軸 反応温度(℃) 300〜1500、縦軸 反応Zr重量 (mg/cm²) 0〜250）

あります。一つは核燃料を覆っているジルカロイというジルコニウムの合金が高温で水と反応し、水素と熱が発生します。反応は500度くらいから顕在化して、温度が上がるほど加速度的に進みます。

ジルコニウムはチタンと同じ系列の金属ですが、歯のブリッジの合金やナイフ、それにコンデンサーなどに使われているほかは、ジルカロイという合金の形で、燃料の被覆管や燃料を束ねるチャンネルボックスの材料として使われているだけです。一般にあまりなじみのない金属です。金属としては中性子を吸収する断面積が小さいことから、燃料の被覆管に使われています。

原子力安全委員会の「格納容器における可燃性ガス濃度制御要求および圧力・温度評価に係る検討報告書」という文書によると、水とジルコニウムの反応は「運転操作等では対処できないほど短時間（分単位）で発生する」（下線筆者）と書いてあります。つまり非常に激しい反応で、制御するのは非常に困難なのです。

原子炉は通常運転では温度が280度程度ですが、今回の事故では冷却機能を喪失して2000度を超えたと見られます。これにより、ほぼすべてのジルコニウムが水と反応して大量の水素と膨大な熱を発生させたとみられます。化学反応によって発生した熱が、さらに原子炉の温度を上昇させたのです。

反応式　$Zr + 2H_2O \rightarrow ZrO_2 + H_2$

ちなみに、この反応によって被覆管とチャンネルボックスのジルコニウムの合金は、酸化してボロボロになってしまいます。また水に含まれていた酸素はジルコニウムと結合するため、気体の酸素は発生せず、水素だけが発生します。チャンネルボックスは原子炉の中で燃料棒を束ねている箱のような容器です。

もう一つ、水素が発生する反応は、水の放射線分解です。原子炉の中では

エネルギーの高い中性子が飛び交っていて、水の分子に当たると、水は酸素と水素に分解します。この反応は、水とジルコニウムの反応よりはゆっくり進みますが、温度にはほとんど関係ありません。使用済燃料プールなどでも起こります。

反応式　$2H_2O \rightarrow 2H_2+O_2$

格納容器の中は通常運転でも水素と酸素が発生するので、爆発を防ぐために不燃性の窒素（N_2）で満たしたうえで、発生した水素を酸素と再結合させるFCS（可燃性ガス制御系）という装置がほぼすべての沸騰水型原子炉に取り付けられています。

しかし原子炉の建屋はこうした措置が取られておらず、空気に満たされています。原子炉で発生した水素が建屋に漏えいすると、不可避的に酸素と反応して水素爆発を起こすことになります。

1979年のスリーマイル島原発事故でも格納容器の中で水素爆発が起きました。ですから、事業者も水素爆発の危険性は十分認識していたはずです。しかし、その水素が建屋にまで充満し爆発するとはだれも予想しませんでした。

政府事故調の報告書では、現場も東電本店も建屋での水素爆発について、「まったく考えていなかった」と述べています。

財団法人・エネルギー総合工学研究所の内藤正則氏は「建屋での水素爆発は全く想定していなかった。想定できた専門家は世界に一人もいないだろう」と語りました。

政府事故調が世界中の水素爆発に関する文献を調査したところ、建屋での水素爆発の可能性を論じた論文は、わずか2件しかなかったということです。

こうして放射能を閉じ込める最後の砦である原子炉建屋は、予期せぬ水素の漏えいでいとも簡単に吹き飛んでしまいました。

第三のポイントは酸素と水素が一定の割合で存在すると、ほぼ間違いなく燃焼、あるいは爆発するという点です。

水素が4％、酸素が5％になると水素が燃焼して水になることが知られています。水素の「燃焼限界」と言われています。水素の濃度が15％を超えると激しく水素爆発を起こすことが知られています。

水素と酸素の反応は極めて容易に起きるので、マッチを擦らなくても爆発します。静電気や触媒の存在、あるいは放射性物質の存在だけでも爆発します。
　原子力安全・保安院の「技術的知見に関する意見聴取会」で、研究者側から「着火源はどこか？」と問われて、保安院の担当者は「特定できない」と答えましたが、実は一定濃度の水素と酸素があると、明確な着火源がなくても、爆発することがわかっています。
　東電のHPにも、「着火源がなくても燃焼や爆発が起きるかどうか、メーカーと協力して研究している」と書いてあります。水素と酸素の反応が極めて容易に起きることは、当の東電が最もよく研究しています。

　以上のことから、原発は常に水素爆発の危険と隣り合わせだということがおわかりいただけると思います。そしてそのことは原子力開発が始まった時からわかっていたのです。原発を運転する限り、水素爆発の危険から逃れることはできません。
　これほど重要な問題について、あまた公表された事故報告書では、さらりとしか触れられていません。唯一、政府事故調の最終報告書だけが、かなり詳細に分析していますが、十分とは言えません。
　政府がIAEAに提出した報告書では次のように書かれています。

　　1号機と3号機では、格納容器ウェットウェルベント（筆者注＝圧力抑制室を通して気体を放出するベント）後に、格納容器から漏えいした水素が原因と思われる爆発が原子炉建屋上部で発生し、それぞれのオペレーションフロアが破壊された。これらによって環境に大量の放射性物質が放散された。なお、3号機建屋の破壊に続いて、定期検査のために炉心燃料がすべて使用済燃料プールに移動されていた4号機においても原子炉建屋で水素が原因とみられる爆発があり、原子炉建屋の上部が破壊された。この間、2号機では格納容器のサプレッションチェンバー室（筆者注＝圧力抑制室）付近と推定される場所で水素爆発が発生し破損が生じたとみられる。

　水素爆発に至った原因については全くと言っていいほど触れていません。

1号機はなぜ水素爆発したのか、3号機の水素爆発はなぜ防げなかったのか、2号機や4号機で何があったのか、これをおろそかにして、ほかの原発の再稼働などあり得ないと思うのですが、皆さんはどのようにお考えですか？

爆発・炎上して墜落するヒンデンブルク号（写真提供／毎日新聞社）

では水素はどうして建屋で爆発したのでしょうか？
公表されているデータや情報を中心に検証します。

水素はなぜ簡単に漏れたのか？

1937年5月6日、ナチスドイツの飛行船・ヒンデンブルク号は、大西洋を横断飛行し、アメリカ・ニュージャージー州のレイクハースト海軍飛行場で爆発・炎上して、世界に衝撃を与えました。このヒンデンブルク号を浮揚させていたのが水素ガスです。優雅な遊覧飛行が一瞬のうちに地獄と化し、乗員・乗客97人のうち35人と地上の作業員1名が亡くなりました。ヒンデンブルク号にはおよそ20万m^3の水素ガスが積載されていました。

水素ガスは極めて軽く、拡散しやすく、ほかの気体と混ざりやすいことが知られています。試験管に酸素と混合して火を着けると、「ポン」と音がして燃える実験を誰もが学校の理科で経験したことがあるかと思います。

福島第一原発では、原子炉圧力容器の中で発生した水素が、どのような経路で建屋上部に溜まっていったのでしょうか？
実はこの問題はまだはっきりと解明されていません。保安院の「技術的知見に関する意見聴取会」で、原子力安全基盤機構（JNES）が格納容器上部

と下部から水素が漏えいするモデルを使って、建屋にどれくらいの濃度で水素が溜まるかコンピュータによる解析を行っています。

一方、炉心の状態についてはまず東電がMAAPという解析コードを使って、メルトダウンに至るプロセスを解析しました。結果は2011年5月に公表されています。また原子力安全・保安院はJNESとともに、東電の解析が妥当かどうか、MELCORという解析コードを使って分析しています。JNESの解析によると、東電の解析結果よりも1時間ほど早く炉心燃料の損傷が始まります。

さらに東電は同じくMAAPという解析コードを使って、さらに詳細な解析を行い、2012年3月に公表しましたが、それでも炉心損傷時間はJNESの結果に比べて、50分ほど遅れています。

のちに述べるように、解析コードを使った炉心状態の再現は、現実に起きたことと同等ではありません。しかし、水素爆発の事故シーケンス（事故進行のプロセス）を考えるにあたって不可欠ですので、ここでは炉心の損傷が最も早く始まるJNESの解析結果をもとに考えることにします。

まず1号機では地震発生と同時に原子炉は停止しました。地震で外部電源が失われたことから、非常用のディーゼル発電機が起動しましたが、およそ1時間後、津波によって全交流電源喪失、いわゆるステーション・ブラックアウト（SBO）に陥りました。

この瞬間から燃料の崩壊熱で原子炉の温度が上がり始めました。JNESは冷却機能を担う非常用復水器（アイソレーション・コンデンサ〈IC、通称・イソコン〉）はほとんど機能しなかったと仮定していますが、これは現実に近い仮定と思われます。

現場での調査の結果、非常用復水器のタンクの水はほとんど減っておらず、非常用復水器は機能していませんでした。

緊急停止直後の原子炉の崩壊熱は大きく、JNESの解析では地震発生から約3時間、全交流電源喪失から2時間という極めて短時間に炉心の損傷が始まったことになります。

III 原子炉建屋を吹き飛ばした「水素爆発」の脅威

　水素爆発に関して重要なのは、圧力容器と格納容器の破損です。圧力容器は厚さ15〜16センチの鋼鉄製です。内部は意外に複雑な構造をしています。
　また圧力容器の厚い壁を貫く配管が何本も通っています。
　JNESの解析結果によると、早くも3月11日午後8時には、圧力容器の破損が始まったとみられています。圧力容器はその名のとおり、高い圧力がかかっていますので（約70気圧）、ひとたび損傷が始まると、たとえ損傷個所が小さくても、中の液体や気体は高圧で格納容器に吹き出します。事態の進展は極めて早いことがわかります。
　12日の午前2時45分にはすでに圧力容器の圧力が、格納容器の圧力とほぼ同じになっていることから、この時点ですでに圧力容器には大きな穴が開いたことになります。

原子力安全基盤機構（JNES）の解析結果【1号機】

3月11日		
14時46分	地震発生	
15時37分	全交流電源喪失（SBO）	地震発生約1時間後
16時40分頃	燃料棒の露出開始	2時間後
18時頃	燃料棒の損傷開始	3時間後
20時頃	圧力容器破損開始	5時間後
20時40分頃	炉心の半分が溶融	6時間後
3月12日		
14時50分	ベント	24時間後
15時36分	水素爆発	25時間後

圧力容器の脆弱性

　圧力容器のどの部分が破損したのかはわかっていません。圧力容器にはフタがついており、フランジ（フタと本体をつなぐ輪状の金具）からの漏えいも考えられますし、制御棒の駆動装置や計装用の配管など、厚さ16センチの鋼鉄を貫く配管がかなりあります。
　東電が2012年3月に発表した事故解析によると、圧力容器を貫く「核計装配管」から破損が始まった可能性が高いとしています。「核計装配管」とは、原子炉内部の中性子の量などを測定する装置です。
　中性子を測るためのセンサーは原子炉の中の核反応の状態を見るために重要な機器ですので保護するためにチューブに収められていますが、この

チューブが破損した可能性が高いというのです。

　また圧力容器からタービンに蒸気が流れる主蒸気配管の根元にある「圧力逃し弁」の管台など、フランジ部分のシールは熱に弱く、450度程度で漏えいが発生する可能性があるとしています。

　もちろん、まだ圧力容器の内部を誰も覗いていませんので、確かなことはわかりません。ほかにも漏えいの可能性がある個所はたくさんありますが、とにかく1号機では圧力容器が大きく破損したという事実はほぼ確実です。

　では、圧力容器の中でどれくらいの水素が発生したのでしょうか？

　前述のとおり、燃料被覆管のジルカロイと水は、高温で急激に反応して極めて短時間に水素が発生します。

　原子力安全基盤機構（JNES）の解析ではおよそ1000キログラム、東電の解析でも800キログラムという膨大な量の水素が発生しました。

　水素1000キログラムというと、常温での体積に直すと1万1000㎥にも達します。1号機の格納容器の気相（気体となっている部分）の容積はおよそ6000㎥ですから、格納容器のほぼ2倍の体積になります。すべてが格納容器を満たすと、圧力をほぼ2気圧上昇させます。温度が高ければ気体はもっと膨張します。

　これを圧力に直して考えると、圧力容器の体積は360㎥程度ですから、もしすべての水素が圧力容器を満たすとすると、常温での計算で内部の圧力を30気圧上昇させます。圧力容器の内部には構造物や水がありますから、実際はもっと大きな値になります。

　さらに水素は水蒸気と違って、水で冷やすことで体積を減ずることはできません。非凝縮性のガスです。いったん圧力容器の中で発生した水素は、取り除く方法がないのです。

　圧力容器の中はいわば水素と水蒸気でパンパンになっていました。パンパンの水素と水蒸気は圧力容器に小さな穴が開いた瞬間に、一気に格納容器に吹き出します。

　やがて溶けた燃料が流れ込んで、穴はさらに拡大します。燃料は格納容器の床面のコンクリートに流れ落ちます。同時に、圧力容器と格納容器はつながり、圧力の差がなくなります。つまり圧力容器の圧力は下がり、格納容器

の圧力が上がります。これが1号機と3号機で起きたことです。

格納容器は「最後の砦」？

では、放射能を閉じ込める最後の砦である格納容器は、どうなっているのでしょうか。格納容器は厚さ4～5センチの鋼鉄製で、設計では4気圧程度に耐えられるようになっています。また設計温度は140度程度です。

圧力容器から吹き出した水素と水蒸気は格納容器の温度と圧力を上げました。ピーク時には1号機の圧力は設計圧力の2倍の8気圧、温度は500度にまで達したと見られています。いわゆる「過温・過圧」状態です。

格納容器が破壊すると大量の放射性物質が環境中に放出されます。アメリカで行われた実験では、設計圧力の2倍で格納容器が破裂する様子がとらえられました。

こうした「過温・過圧」による格納容器の破壊を防ぐために、ベントが行われるのです。

問題は格納容器のどこから、どれくらいの水素が建屋に漏れたかです。

原子力安全基盤機構（JNES）の解析（「炉心の状態に関する評価」2011年9月公表）で1号機は、地震発生後18時間でリーク、つまり漏えいが始まり、50時間後には漏えいが拡大すると仮定しています。水素爆発が起きたのは25時間後ですから、リークの開始から7時間程度で建屋上部が水素で満たされたことになります。

漏えい個所は複数考えられます。

次頁の写真は福島原発と同型のアメリカ・ブラウンズフェリー原発の格納容器ですが、たくさんの配管やハッチが容器を貫いていることがわかります。

格納容器も実際はかなり複雑な構造で、配管のほか機器を搬入するためのハッチや所員用のエアロック、それに圧力抑制室やフタの部分にはマンホールもあります。貫通部は400カ所以上に及び、溶接部分などの脆弱性が高いと考えられています。

とくにドライウェル（格納容器の上部）と圧力抑制室をつなぐベント管（エクステンション・ベローズ）と呼ばれる筒状の部分は、圧力に弱いことがアメリカ原子力規制委員会（NRC）のレポートなどで報告されています。

福島原発と同型のアメリカ・ブラウンズフェリー原発の格納容器（ウィキペディア「Browns Ferry Nuclear Power Plant」の項より転載）

一方、上部にはフタがあります。フタはたくさんのボルトで締められていますが、フタと本体のドライウェルの間には、隙間を埋めるフランジがあります。圧力鍋を想像してください。フタと本体の間にゴムのようなものが埋め込まれています。このフランジが劣化して漏れた可能性があります。

さらに1号機も3号機もベントの直後に水素爆発を起こしていることから、ベントとの関係も疑われます。

そもそも格納容器は設計では、1日に0.5％ほど気体が漏れることを想定しています。気相部が6000㎥以上もある格納容器が完全に気密性を保つことは困難なのです。

保安院主催の「技術的知見に関する意見聴取会」では、漏えいルートの検討が行われました。その過程でいろいろなことわかってきました。

まず1号機については、格納容器から建屋への水素の漏えいは、格納容器頂部のフランジ、いわゆるトップフランジからの漏えいが最も大きい可能性が出てきました。原子力安全基盤機構（JNES）が解析したところ、発生した1000キロの水素のうち400キロがトップフランジから漏えいすると仮定すると、建屋上部での水素濃度や格納容器の圧力の挙動とかなり一致することがわかりました。格納容器から建屋に毎時100キロの水素が漏えいすると仮定すると、爆発が起きた5階での水素の濃度は20％にも達します。

Ⅲ　原子炉建屋を吹き飛ばした「水素爆発」の脅威

　1000キロの水素のうち残りの600キロは直前のベントによって、環境に放出されたのでしょう。
　トップフランジは開口部が大きいので、ちょっとした隙間でも大量の水素が漏えいする可能性は十分あります。
　ではトップフランジがなぜ脆弱だったのでしょうか。フランジのシール部分はシリコンゴムでできています。シリコンゴムは温度が200度まではほぼ健全ですが、250度になると劣化することがわかっています。そして350度になると圧力がかからなくても漏えいが起きることが、実験などでも実証されています。
　1号機の格納容器は圧力が設計のほぼ2倍の8気圧、温度が500度に達していたとみられることから、主にトップフランジのシリコンゴムが劣化して水素が漏えいしたと、「意見聴取会」の「中間とりまとめ」に記載されています。
　私はこの結論に若干の疑いを持っています。「中間とりまとめ」では、格納容器の「過温・過圧」でシリコンゴムが劣化したとしていますが、実はトップフランジのシリコンゴムは、事故が起きる前から劣化していたのではないでしょうか？
　というのも、1号機は格納容器の容積が小さく、格納容器と圧力容器の間に作業員が入れないほどで、当初から問題となっていました。つまり、通常運転中（280度）も格納容器のトップフランジと高温・高圧の圧力容器は極めて近接していて、シリコンゴムの劣化が進んでいたのではないでしょうか？
　1号機は3月11日21時すぎには建屋入口の放射線量が高く入室禁止となっています。運転員がホワイトボードに書いた殴り書きによりますと、21時51分には、1号機の建屋が入室禁止になったことが記されています。
　また23時には原子炉建屋とタービン建屋をつなぐ、「松の廊下」と呼ばれる通路の二重扉の南側の部分で1時間当たり500マイクロシーベルト、北側で1200マイクロシーベルトという高い放射線量が観測されたことが記録されています。
　これほど早い放射能漏れをどのように説明したらよいのでしょうか。JNESの解析通り18時間後から漏えいが開始すると仮定すると到底説明で

きません。

　実際、意見聴取会でも北海道大学の奈良林直教授が、1号機が早い時間に放射能漏れを起こしたことが、これだけでは説明できないと指摘しています。

　私の仮説は次の通りです。
　1号機は格納容器と圧力容器が接近しすぎた設計ミスで、格納容器のトップフランジは事故の前から漏えいを起こしていたのではないか？
　定期点検中に漏えい試験も行われますが、東電は部分的な漏えい試験は行っていたものの、格納容器全体の漏えい試験はしていなかったのではないか？
　東電はシリコンゴムの脆弱性を知りながら、放置したのではないか？
　そして通常運転中も規定の0.5％という漏えい率は守られず、日常的にかなりの気体が1号機の格納容器から漏れ出していたのではないか……と。
　このように考えると、炉心損傷と同時に、放射能が格納容器の外に漏れることも説明できます。
　これまでの東電の事故隠しの体質からみて、私は強く疑っています。

　1号機では水素爆発の直前に、海水を注入するすべての準備が整っていました。しかし水素爆発によって、消防ホースは落下してきた破片などで破損し、作業は一からやり直しとなりました。幸いなことに3台の消防車は生き残りました。
　また2号機では一部パワーセンターPC（450ボルトの電源を供給する電源盤）が利用可能だったことから、電源車から電源をつなぐ準備が整っていましたが、こちらも敷設したケーブルが損傷し、高圧電源車が停止してしまいました。電源が回復すれば、制御棒駆動系やホウ酸水注入系のポンプを使って、高圧の圧力容器に水を注入することも可能となっていたはずです。
　ひとつの事故が次の事故を呼ぶという、典型的な複合的事故の様相がはっきりとしました。

3号機爆発の脅威

　一方、3号機の水素爆発（3月14日11時1分）はどのように起きたので

しょうか？

爆発後の3号機の周辺を見てみると、天井を含めた最上階だけでなく、1階下の部分や原子炉建屋に隣接する廃棄物処理建屋が大きく破壊されています。とくに建屋北側は3階より上が激しく壊れていて、損傷は隣の建物の2階にまで及んでいます。

また前述のように爆発の映像を見ると、建屋の下部から白っぽい煙が四方に吹き出しています。

3号機水素爆発で破壊された原子炉建屋上部（2011年3月24日、エアフォートサービス撮影）

さらに2012年3月に撮影されたトーラス室外側のビデオを見てみると、扉がたわんで作業員が足で蹴飛ばしても開きませんでした。これはトーラス室（格納容器の下部である圧力抑制室が置かれている部屋）の中で圧力がかなり上がったことを示しています。

前述のように3号機の爆発の映像を見ると、下部から大量の白い煙が上がっていたことから、私はトーラス室でも爆発があった可能性があると思っていました。しかし公開されたビデオや写真を見ると、配管などは比較的健全で、少なくとも水素爆発の現場という印象はありませんでした。

3号機の事故進展は1号機より緩やかでしたが、全電源喪失から3日後に水素爆発しました。

この解析結果によると圧力容器の破損が水素爆発の後になり、つじつまが

合いません。解析コードの限界です。

原子力安全基盤機構（JNES）の解析結果【3号機】

3月11日		
14時46分	地震発生	
15時38分	全交流電源喪失（SBO）	地震発生約1時間後
3月13日		
7時40分頃	炉心露出開始	地震発生後約42時間
9時25分	淡水注入開始	
10時20分頃	炉心損傷開始	44時間後
3月14日		
22時10分頃	圧力容器破損	79時間後

では3号機ではどれくらい水素が発生したのでしょうか？

原子力安全基盤機構（JNES）の2011年9月の評価によると3号機の水素発生量は600キログラムとなっています。3号機は1号機と違って、注水が一定程度行われたため、すべての燃料が溶けたわけではないという仮定で、水素の発生量が少なく見積もられています。しかしこれも当てになりません。

それにしても、爆発の時のオレンジ色の閃光は、何が原因物質だったのでしょうか？

国会事故調の報告書は、格納容器に溜まっていた一酸化炭素の不完全燃焼ではないかとしています。もし大量の一酸化炭素が発生していたとすると、メルトダウンはさらに深刻だったことになります。

というのも、もし一酸化炭素が大量に発生したとすると、格納容器の床の部分（ペデスタル）のコンクリートと溶融燃料が激しく反応したことになるからです。つまり、3号機のメルトダウン、メルトスルーは、今まで考えられていた規模よりも、大きかった可能性が出てきます。

2012年2月のJNESの「水素爆発に係る評価」では、1号機と同じ1000キログラムと計算、そして1000キログラムがそのまま建屋に漏えいしたと仮定しています。

この量が格納容器上部だけから漏えいすると仮定すると、最上階の水素濃度は30％にも達しますが、建屋1階からの漏えいを想定しても、建屋全体に水素が16〜17％蓄積するとの結果が得られています。建屋1階には機

器ハッチなどがあることから、JNESは漏えいが格納容器下部から起きたとみているようです。

なぜ3号機では格納容器頂部ではなく、下部のハッチから漏れたのか、本当に1階からなのか、建屋の放射能汚染の状況と整合性はとれるのかなど、まだまだわからないことばかりです。

もしこれほど簡単にハッチなどから気体が漏えいするのであれば、格納容器の設計そのものが欠陥です。JNESの解析では格納容器の温度は400度程度まで上がりましたから、上部のトップフランジだけでなく、下部のハッチや圧力抑制室のマンホールなどの強度にも問題ありということになります。

原子炉の「安全神話」では、放射能は5重の閉じ込め機能で守られ、格納容器の外に出ることはないとされてきました。

第一の壁はペレットです。ペレットはウランをセラミックのように固めてあって、核分裂生成物（死の灰）を閉じ込めるといいます。

第二の壁は燃料被覆管です。ジルカロイという合金でできていて、放射能を金属に封印します。

第三の壁は圧力容器です。分厚い鋼鉄でできていて、燃料が損傷しても放射能を外に出しません。

第四の壁が格納容器です。炉心を覆う金属の容器で、放射能を閉じ込める「最後の砦」です。

第五の壁は建屋です。建屋はコンクリートですから、閉じ込め機能は金属ほどではありません。

こうして5重の壁を並べてみると、閉じ込め機能の本質は格納容器だけであることがわかります。格納容器こそが、唯一にして本質的な閉じ込め機能を有しているのです。だからこそ、事故が起きるとすべての回路を遮断して、格納容器の中に放射能を「格納」し「閉じ込める」設計になっているのです。

逆に考えると、格納容器が破損すると確実に放射能は環境中に放出されます。今回の事故の核心は、唯一にして最後の砦である格納容器が破損したこ

とにあります。しかも、3基の原子炉が同時に……です。

3号機爆発の写真をもう一度見てください（164ページ参照）。建屋は、いとも簡単に吹き飛びました。3号機爆発の直後に、当時の枝野官房長官は「格納容器は健全です」と記者会見で述べましたが、過酷事故の前にすべての壁が無力であることを証明しました。格納容器は健全ではありませんでした。

安全神話は極めてもろい技術にしか支えられていなかったのです。

4号機爆発の怪

3月15日早朝のことは鮮明に覚えています。前日の未明から、「2号機が空炊きになっている」という情報に、「ついに来るものが来たか」と覚悟を決めていたからです。早朝6時過ぎ、2号機の圧力抑制室付近で爆発があったと、保安院の西山英彦審議官が発表しました。

私はすぐに福島中央テレビの定点カメラの映像を確認しましたが、日の出直後であったことと濃い霧で、全く様子はうかがえませんでした。

しばらくすると、4号機で「火災があった」という情報もありましたが、4号機については全くのノーマークでした。

というのも、4号機は定期点検中で原子炉は停止し、燃料は使用済燃料プールに移されていると発表されていたからです。

日が昇って、霧が晴れて、4号機の状況を見ると、これは「火災」ではなく爆発だとわかりました。しかし、停止中の原子炉がなぜ爆発するのか、当初は想像もつきませんでした。同時に、使用済燃料プールには取り出したばかりの燃料が1331本もあり、なおかつ、使用済燃料プールには「格納容器」がなく、プールで何か起きれば大惨事になると、またしても背筋が寒くなる思いに駆られました。

私が取材と解説の第一線に立たされた3月13日早朝から3月15日までは、余震も頻発し、何度も背筋の凍る思いがしました。

目の前で、しかもリアルタイムで映像が伝えられた3号機の水素爆発、14日深夜の2号機の「空炊き」、そして15日早朝の2号機爆発情報と4号機の爆発。テレビで仕事を始めてから、30年以上がたちましたが、これほ

3号機(左)と4号機。中央が、二つの原子炉に共有されていた排気筒(2011年3月24日、エアフォートサービス撮影)

どの緊張の連続は1995年の地下鉄サリン事件以外ありませんでした。

　4号機水素爆発の原因は、3号機のメルトダウンで発生した水素が、ベントの際に配管を通じて4号機に流れ込んだことによるものとみられています。驚くべきことに、3号機と4号機は排気塔を共有していて、しかも、逆流を防止する装置も付いていなかったのです。
　排気塔を共有しているのは、日本のすべての原発の中で、福島第一原発だけです。また1号機から4号機の中で、なぜか4号機だけが、逆流防止装置がついていませんでした。
　複合事故は起こるべくして起こったのです。当事者の東電の怠慢はもちろんのこと、規制機関はいったい何を検査していたのでしょうか？

　少し詳しく見ていきましょう。
　4号機は2010年11月30日から定期検査に入っていました。原子炉の燃料はすべて使用済燃料プールに移されており、プールには1331本の使用

済燃料と新しい燃料204本が入っていました。

　定期検査中にシュラウドという圧力容器の中の機器を交換する予定でした。シュラウドは圧力容器の中で燃料をぐるりと取り巻く釣鐘状の構造物で、水流を安定させ、燃料を保護する重要な機器です。

　構造的に問題があり、釣鐘の丸い部分に同心円状にひびが入るケースが多発していて、4号機も同じ理由から、シュラウドを交換する予定だったのでしょう。

　使用済燃料プールの問題は前章で扱いましたので、ここでは水素爆発だけに注目します。

　東電中間報告書によりますと、地震観測記録計のデータを分析したところ、3月15日午前6時から6時15分に起きた爆発は、当初は2号機の圧力抑制室付近の爆発とみられていましたが、4号機の建屋の爆発によるものとわかりました。

　建屋の破壊の具合を見ると、最上階の5階が激しく破壊されています。外から黄色い格納容器のフタが確認できます。3号機ほどではないにしても、建屋上部の破壊はひどく、鉄筋、鉄骨がむき出しです。

　また東電の調査によると、4階は床が沈み、天井が浮き上がっていることから、4階でも爆発的な現象があったと見られています。東電の報告書は建屋4階南西部のダクト付近で爆発が起きた可能性があると述べています。

　問題はなぜ4号機に水素が流れ込んだかです。

　4号機の建屋の構造を見てみると、排気塔から配管を逆にたどると、4号機建屋の中にある非常用ガス処理系（SGTS）につながっています。

　SGTSは、大規模な破断などで格納容器や建屋に大量の水蒸気が噴き出した時に、放射性ヨウ素などを取り除いて大気中に放出するためのいわばフィルターのようなものです。

　東電の調査によると、放射性物質が付着したSGTSのフィルターの線量を調べたところ、排気塔に近い側の汚染がひどかったので、排気塔から水素が逆流したのは間違いなさそうです。

　さらに配管をたどると4階の西側と東側のダクトにつながり、最後は最上階である5階南側の排気ダクトにつながっています。

Ⅲ　原子炉建屋を吹き飛ばした「水素爆発」の脅威

　3号機では3月13日午前9時20分頃から、断続的にベントが実施されました。ベントは3号機の水素爆発が起きた14日11時1分以降も続けられました。
　3号機の水素発生量を原子力安全基盤機構（JNES）の解析通り1000キログラムとすると、半分が漏えいして3号機の建屋に、残りがベントによって排気塔を通じて大気中に放出されたものと考えても大きな誤りにはなりません。
　4号機に流れ込んだのはこのベントによって放出された500キロの水素で、そのうちどれくらいの量が4号機に流れ込んだか推定するのは今のところ困難です。破壊の規模からするとかなりの量に上ると思います。
　ではなぜ3号機の水素が4号機の建屋に流れ込んだのでしょうか？
　通常ベントを行う時は、ベントラインと並列に配置されている非常用ガス処理系（SGTS）の弁をすべて閉じて行います。いわゆる「耐圧ベント」のためには、ベントラインに一定の圧力がかからないと破壊弁が破壊しませんし、逆流を防がないと、ベントによって自爆してしまいます。
　ところが、3号機のベントでは全交流電源の喪失によって、3号機のSGTSの弁が閉じていませんでした。SGTSの弁は電源がなくなると、自動的に開くようになっていたのです。これをフェイル・オープンといいます。それどころか、運転員は手順書にある弁を閉じる操作をしていなかったのです。
　3号機のSGTSには逆流防止ダンパがついていたため、大量の水素が3号機の建屋に逆流した可能性は低いと見られています。ただし、逆流防止ダンパは密閉度が低く、そもそも逆流防止にはあまり役に立ちません。
　東電で働いていた蓮池透さんによると、「原発では水の逆流防止には神経を使うものの、気体の逆流防止はあまり考えたことがない」と語っています。
　一方、3号機と4号機の排気塔がつながっていますが、ベントの手順書によると3号機のベント時に、4号機のSGTSの弁を閉じるようになっていませんでした。さらに4号機には逆流防止ダンパもついていませんでした。ダンパがついていないのは、4号機だけで、規制当局の保安院が見逃した可能性が大です。
　この結果、必然的に3号機のベントとともに、水素を含んだ気体が4号

機の建屋に充満しました。断続的に行われた3号機のベントによって、水素は4号機の建屋に蓄積され、やがて爆発限界を超えて、爆発したのです。なぜ15日の朝というタイミングで爆発したかはわかっていません。

あとで考えると極めてシンプルな事故シーケンス（事故進行のプロセス）です。東電の責任はもちろんのことですが、規制機関はなぜ見落としてきたのでしょうか？

日本の安全規制はダブルチェックが原則です。原子力安全・保安院や原子力安全委員会は、「気が付きませんでした」で済まされるのでしょうか？

私にはこれで日本の原発の安全を守れるとは到底思えませんが、皆さんはどのようにお考えでしょうか。

2号機はなぜ爆発しなかったか

同じような機械が、同じような条件に置かれると、同じようなことが起きるのは理の当然です。2号機もまた、全交流電源を喪失し、冷却機能を喪失し、メルトダウンしたと見られています。

ではなぜ2号機だけ水素爆発が起きなかったのでしょうか？

JNESの解析によると、2号機は次のような経過をたどったと考えられています。

原子力安全基盤機構（JNES）の解析結果【2号機】

3月11日		
14時46分	地震発生	
15時41分	全交流電源喪失（SBO）	地震発生約1時間後
3月14日		
18時00分頃	炉心露出開始	地震発生約73時間
19時40分頃	炉心損傷開始	75時間後
22時50分頃	圧力容器破損	78時間後

3月15日の午前8時過ぎ、保安院の西山審議官は記者会見で、「2号機で6時10分頃爆発音があったとの報告がある。圧力抑制室が損傷した恐れがある」と述べました。爆発音と同時に2号機の圧力抑制室の圧力が一気に下がったので、何らかの損傷があったと判断したのは無理もありませんでした。

しかしその後、当時の地震波を検証したところ、爆発音の発生源は2号機ではなく、4号機だったことがわかりました。

III 原子炉建屋を吹き飛ばした「水素爆発」の脅威

 では2号機で何が起きたのでしょうか？
 2号機の格納容器の圧力はドライウェルと呼ばれる格納容器上部の圧力が、このころを境に、徐々に下がり始めました。また下部の圧力抑制室（サプチャン）は、「爆発音」とほぼ同時にほとんどゼロを示しました。
 圧力ゼロは「真空」ということなので、理論的にはあり得ませんが、何らかの異常が起きたことは間違いありません。何が起きたのか、今でも不明です。
 一方、周辺のモニタリングポストの放射線量が急激に上がりました。
 午前11時の記者会見で枝野長官は「2号機の圧力抑制室で何らかの爆発的事象が起き、若干の放射性物質が気体として流出していることが推察されている状況でございます」と述べていますが、「若干」どころか、大量の放射性物質が放出されました。
 午前10時過ぎのモニタリング結果を見ると、2号機と3号機の間で1時間当たり30ミリシーベルト、3号機付近で400ミリシーベルト、4号機付近で100ミリシーベルトを示していました。
 さすがに枝野長官も「従来のマイクロとは単位が一つ異なっております。従来の数値と異なりまして、<u>身体に影響を及ぼす可能性がある数値であることは間違いありません</u>」（下線筆者）と言わざるを得ませんでした。
 ちなみに「マイクロ」と「ミリ」は、「単位が一つ異なっている」のではなく、ケタが三桁も違っているということです。（編集部注＝1Sv〈シーベルト〉＝1,000mSv〈ミリシーベルト〉＝1,000,000 μSv〈マイクロシーベルト〉）
 2号機の炉心溶融は14日午後7時すぎから始まりました。発生した水素が圧力容器から格納容器へと漏れ出したのも、1号機、3号機と同様だったはずです。発生した水素の量は原子力安全基盤機構（JNES）の解析では650〜800キログラムとみられています。
 ところが2号機の建屋上部に取り付けられていたパネルが一枚外れて、ここから水素が大気中に流れ出て、水素爆発を免れたと見られているのです。
 写真を見ると、パネルが外れた四角い穴から、水蒸気が出ているのがわかります。
 このパネルはブローアウトパネルと呼ばれており、1号機が爆発した時に、衝撃で外れたと見られています。ブローアウトパネルはもともと、配管の大

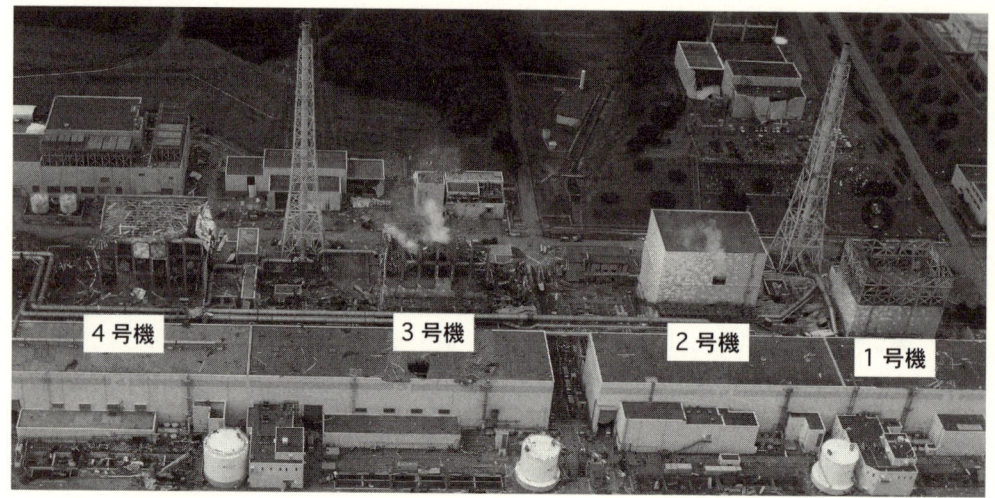

2号機建屋の穴から漏れる水蒸気（2011年3月20日エアフォートサービス撮影）

きな破断で、水蒸気が建屋に充満した時に、内側からの圧力で外れるような仕掛けになっています。それが1号機の爆発の衝撃で、外れたものとみられています。

　通常建屋の中は放射性の気体が漏れないように、陰圧、つまり大気より低い圧力に保たれています。ですから1号機の爆発の衝撃との分析も正しいかどうかはわかりません。むしろ1号機の爆発によって気体が2号機に逆流して、2号機建屋の内側から圧力が加わって外れたのかもしれません。

　いずれにしても、ブローアウトパネルが外れると、当然水蒸気や水素だけでなく、放射性物質も一緒に吹き出してきます。このため島根原発のように、ブローアウトパネルをわざわざ固定して外れないようにした原発もあるくらいです。

　このように2号機が水素爆発を起こさなかったのは、全くの偶然だったのです。ブローアウトパネルが外れなければ、2号機も間違いなく水素爆発を起こしていたはずです。

　皮肉なことですが、1号機の水素爆発が、2号機を爆発から救ったといえます。

　何度も強調しますが、原発を運転する限り水素爆発の危険から逃れることはできません。この冷厳な事実を私たちは最大の教訓とすべきだと思います。

Ⅲ　原子炉建屋を吹き飛ばした「水素爆発」の脅威

現場検証と再現実験

　1号機から3号機の格納容器には、現在水素爆発を防止するために、間断なく窒素が封入されています。窒素の封入で水素をパージ、つまり追い出して、爆発を防ごうというわけです。
　しかし、壊れたり曲がったりしている配管の隅々まで、窒素は行き渡っているのでしょうか？
　どこかに水素が溜まっていることはないでしょうか？
　実際、2011年9月23日には、配管を切断しようとしてガスの検査をしたところ、水素が溜まっていました。そのまま切断すれば、小規模であっても水素爆発を起こす可能性がありました。
　東電も保安院もまだまだ水素を甘く見ているような気がしてなりません。
　保安院は2012年2月、「今後の規制に反映すべきと考えられる事項」として30項目をあげ、安全規制に盛り込む方針を明らかにしました。その中の「水素爆発の防止」という項目では、以下のような対策が必要と述べています（下線筆者）。

　　対策24　水素爆発の防止（濃度管理及び適切な放出）
　　水素爆発を防止するには、前述のPCV（筆者注＝格納容器）の健全性を維持するための対策（対策23）により水素の管理された放出を図ることが求められる。
　　加えて、建屋側に漏えいした水素については、非常用ガス処理系の活用や水素再結合装置等の処理装置の設置などにより、放射性物質の放出を抑制しつつ水素濃度を管理することが求められる。
　　更に、建屋から水素を排出する必要がある場合には、プラント毎に定量的な評価を行った上で十分な大きさの開口部を設けるとともに、防爆仕様の換気装置及び放射性物質除去機能を持った装置などにより、水素爆発の防止及び放射性物質の放出抑制を行った上での排出とすることが求められる。この際には、水素濃度検出装置の設置などにより、R/B（筆者注＝原子炉建屋）の状況を正確に把握することが求められる。

その上で、今般のように大量の水素が発生し、上記のような対策を講じても対応できない場合に備えて、最後の手段として、ブローアウトパネルの開放（地上部による開口部の設置等を含む）等による水素対流対策を検討することについては引き続き検討が必要。

　少々わかりにくいので整理してみます。
　まず格納容器の健全性を維持するための「対策23」とは、ベントの配管を非常用ガス処理系の配管から独立させること、排気塔を共有しないことなどです。わざわざ対策としてあげるまでもないことですが、いままでこんなことも放置され、見逃されてきたのです。
　そのうえで、「水素爆発の防止」のために、「管理された放出」を行うとしていますが、果たして過酷事故の時に「管理された放出」が可能でしょうか？
　また建屋に漏えいした水素については非常用ガス処理系や水素再結合装置で、水素濃度を管理するとしています。
　水素再結合装置は、ほとんどの沸騰水型原子炉の格納容器の内部に設置されていますが、これを建屋にも設置するというわけです。
　しかし、格納容器と違って建屋は小さな空間がいくつもあります。すべての空間に設置しようとすると、大変な手間がかかりますし、一カ所で済まそうとすれば効果は疑問です。こうした新しい装置の設置は十分な実験を経て行うべきでしょう。
　そもそも電気事業連合会は水素と酸素を結合させるFCS（可燃性ガス制御系）について、格納容器は不燃性の窒素ガスで満たされているから、必要がないとして、装備しなくて済むように規制当局に働きかけていました。FCSの装備だけで数千万円のコストがかかるためと言われています。
　さらに水素を排出するために放射性物質を除去する装置を備えた開口部を設けるとしていますが、これも一カ所だけなのか、各階に設けるのか、放射性物質除去装置とは何を指すか、それらがほかの機器の安全に影響を与えないか、考える必要があります。
　保安院の対策は小手先の対策にすぎません。30項目の対策と称していますが、内容は対症療法だけです。原発の安全性を根本から問い直す意思は、

III 原子炉建屋を吹き飛ばした「水素爆発」の脅威

ほとんど感じられません。逆にこんなこともきちんとできないまま運転されていたのかと驚かされます。事実、意見聴取会に参加していた日本原子力研究開発機構の渡辺憲夫グループリーダーは、30項目の対策について、「大いに不満である」と述べています。

早く再稼働させたい、早くほかの原発を動かしたいという保安院の意図が透けて見えます。

再度強調しておきますが、まだ水素爆発を引き起こした原因は解明されていません。どれくらいの水素がどれくらいの時間で発生したのか、どこからどのように漏れたか、漏れたのは建屋上部だけなのか、下部からも漏れたのか、なぜ漏れたのか、ほとんど推測域を出ません。

そして水素爆発の可能性は、現在でもまだゼロではありません。1号機から3号機までの格納容器では、溶けた燃料による水の放射線分解が続き、間違いなく水素が発生しています。

事実、事故直後の6月に原子力安全基盤機構(JNES)が行った試算では、溶融燃料(デブリ)が冷却水で完全に冠水した場合、100日で500キロ、200日で680キロの水素が発生すると見積もっています。しかも発生した水素は、格納容器のドライウェルやサプチャンで層をなすことから、「低温状態に安定していく過程で水素燃焼(水素爆発)のリスクを有する」と結論づけています。

国会事故調最終報告書は、かなり詳細に水素爆発の問題を取り上げました。しかし、水素爆発の詳細は依然不明です。過酷事故の際の原子炉の中での水素の挙動は、全く解明されていません。この状況で果たして有効な水素爆発の防止策が取れるものでしょうか?

まずやるべきことは現場検証です。おそらく10年近くかかるでしょうが、現場検証なくして事故対策はあり得ません。格納容器のどこが壊れたのか、圧力容器はどうなっているのか、そのうえで水素はどのように建屋に漏れたのか究明しなければなりません。

さらに再現実験も必要となるでしょう。想定される事故シーケンス(事故進行のプロセス)を確認する必要があるからです。実験なくして結果はありません。

建屋での水素爆発が原子力開発史上初めてのことだったことを、もっと重視すべきです。一度起きたことは二度起きる可能性があります。起きる可能性のあることはすべて起きることは、歴史も証明しています。
　原発は水素爆発のリスクから逃れることはできません。水素を侮ると再び手痛い事故に見舞われることになるでしょう。

IV

行くも地獄、戻るも地獄
—— 〝負の遺産〟をどうするのか

福島第一原発のいま

　東電福島第一原発の敷地全体が、「巨大な放射性廃棄物である」と喝破したのは、田中俊一原子力規制委員会委員長です。ある学会での発言です。ヘリコプターで敷地全体を見渡すと、本当に放射性廃棄物の塊であると実感します。

　まず1号機から3号機の原子炉の中には、溶けた燃料が溜まっています。どこにどのような形で溜まっているかは、中を覗いてみるまでわかりません。スリーマイル島（TMI）原発事故の溶融燃料（原子力用語では「デブリ」）を貯蔵しているアメリカのアイダホ国立研究所を訪れた時、溶融燃料の取り出しがいかに大変だったか説明を受けました。

　TMI事故では、燃料集合体の束は温度の高い中央から溶け始め、制御棒や支持盤、それに燃料ペレットが渾然一体となって、圧力容器の底に溜まっていきました。ロボットなどを使って、ほとんど掻き出されましたが、まだ1％程度が取り出せずに残っているとのことです。

　福島では圧力容器の底が抜けて、格納容器に流れ落ちたと見られますから、もっとシビアです。

　溶融燃料を取り出すためには、格納容器を修復しなければなりません。しかし格納容器のどこが損傷しているのか、いまだにわかっていません。

　2012年1月、東電は初めて2号機の格納容器に工業用の内視鏡を挿入して、内部の状況を撮影しました。格納容器の内壁は塗料がはがれ、配管は錆始めていました。映像は強い放射線のため、斑点状の白い点で覆われていました。

　3月には同じく2号機の格納容器に線量計を挿入して放射線量を測ったところ、底部から4メートルの位置で、1時間当たり最高で72.9シーベルトという高い放射線量を計測しました。人が数分で死に至る線量です。圧力容器を突き破って、格納容器に落下した溶融燃料が原因と見られます。

　水位は格納容器底部からわずか60センチでした。東電は当初、4メートル程度はあるだろうと予想していたので、毎日注ぎ続けている水が、ほとんど漏えいしている実態が、改めて明らかになりました。冷却水は本当に溶融燃

料を冷却しているのでしょうか。

格納容器の破損個所はわかりませんでしたが、水面と同程度の高さにあると見られることから、ドライウェル（格納容器上部）と圧力抑制室（Suppression Chamber〈サプレッション・チェンバー〉、通称「サプチャン」）をつなぐベント管（エクステンション・ベローズ）の破損が疑われます。

4月には「サーベイランナー」というロボットで、2号機の原子炉建屋地下を調査しました。配管の周りの保温材などがはがれているものの、配管そのものや機器類には大きな損傷は見られませんでした。とくにサプチャンの上部にあるマンホールが健全だったことから、ますますベント管の損傷が疑われますが確証はありません。

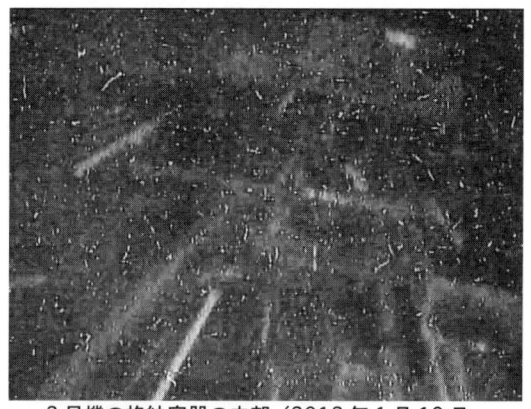

2号機の格納容器の内部（2012年1月19日撮影。写真提供／東京電力）

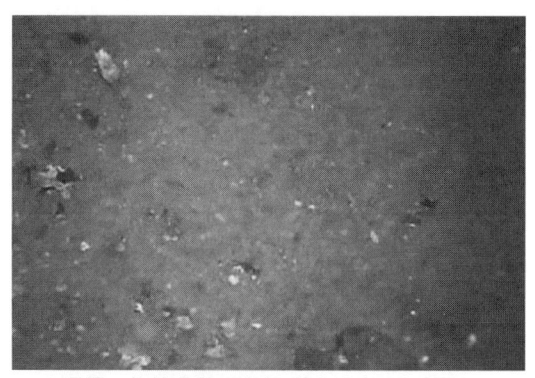

1号機の格納容器の底部（2012年10月12日撮影。写真提供／東京電力）

2012年10月、今度は1号機の格納容器にカメラが入りました。内部は湯気が立ち込めて、機器が錆始めていました。線量率は毎時11.1シーベルトで、1時間浴びると人が死亡するほどの高線量です。線量は底部から8メートルのところで最高を記録し、下にいくほど下がったということですから、溶融燃料は格納容器の底部に流れ落ちたのではなく、中で複雑に飛び散った可能性があります。

1号機は圧力容器の中にあった溶融燃料が、ほとんど格納容器に溶け落ちたと見られています。東電が2011年11月に公表した解析結果によると、

1号機では溶けた燃料の塊が圧力容器の底部を突き破り、格納容器底部に落下しました。落下した溶融燃料はさらに、床のコンクリートを侵食し（コア・コンクリート反応）、格納容器の鋼鉄製の壁まであと37センチで止まったとされています。

　事故直後の3月21日に原子力安全基盤機構（JNES）が試算したところ、1号機圧力容器の底には、41平方センチ、ほぼ6.5センチ四方の穴が開いたとの結果でした。また3月25日のJNESの計算結果では、格納容器底部のコンクリートの侵食について、「上方に水があれば侵食は生じない」と結論付けていました。

　コンピュータによる解析は不確実ですので、実際に格納容器のフタを開けてみるまでわかりませんが、もう少しで溶けた燃料が格納容器を突き破り、地面を穿つ「チャイナ・シンドローム」に至った可能性も否定できません。

　水位は格納容器底部から2.8メートルの高さまでありました。ということは格納容器の下部にあるサプチャンなどは破損を免れた可能性があります。

　政府と東電が発表した「中長期のロードマップ」によると、格納容器の破損個所を特定したあと、修復して水を張り、ロボットを開発して溶けた燃料を掻き出すことになっています。圧力容器が破損しなかったスリーマイル島（TMI）原発の事故でさえ、溶融燃料の取り出しに10年の歳月とほぼ1000億円の費用がかかりました。

　東電と政府の今の計画では、溶融燃料の取り出しを10年以内に始め、さらに10年から15年程度かけて完了する予定です。取り出しが完了するのは、今のところ2036年ごろです。

　当時TMIの事故処理にあたったアメリカ原子力規制委員会（NRC）の元エンジニアであるレイク・バレット氏は、「福島はスリーマイルよりはるかにチャレンジングだが、日本にはやり遂げる技術と能力がある」と語っていました。そう信じるしかありません。

　掻き出した溶融燃料は、ステンレス製のキャニスターに入れて保管します。TMI事故の溶融燃料が保管されているアイダホ国立研究所では、キャニス

アメリカ・スリーマイル島原発の事故の溶融燃料を保管しているアイダホ国立研究所のピットの入口。手前の金網をエネルギー省(DOE)が、奥の金網を原子力規制委員会(NRC)が管理している。兵士のチェックを受ける著者（写真提供／日本テレビ放送網）

アイダホ国立研究所の溶融燃料保管ピット（写真提供／日本テレビ放送網）

ターに入れた溶融燃料を、コンクリートのピット（格納庫）に入れて保管していました。発熱もなく、線量もすでに下がりましたが、20年以上たった今も、定期的にピットの中の線量や温度を計測しています。

　溶融燃料のピットは二重の金網で囲まれて、銃を持った兵士が警備していました。私が感心したのは、外側の金網をエネルギー省（DOE）が、内側の金網を原子力規制委員会（NRC）が管理していたことでした。

中に入るには二つの組織の許可が必要なだけではありません。もしDOEとNRCの見解が対立した場合は、常に内側のNRCが優位にあることを象徴しています。推進機関であるエネルギー省（DOE）よりも、安全を守るNRCの方が、権限は常に優位にあります。TMIでもアイダホでもNRCの権限の強さと実力を見せつけられました。

福島第一原発の使用済燃料プールには、まだ1万本以上の使用済燃料が入れられたままです。1～4号機では建屋最上部という不安定な場所で仮設の冷却装置で冷却されています。これを早く取り出すことが喫緊の課題です。

2012年7月、4号機使用済燃料プールから、貯蔵されていた新燃料2体が取り出されました。新燃料は人が近づいても問題ありません。私もかつてビニールで養生された新燃料を間近で見たことがあります。

問題は使用済燃料です。燃焼してたっぷりと核分裂生成物を含んだ使用済燃料を、傷つけず取り出すには細心の注意が必要です。使用済燃料が損傷すると、たちまち中の核分裂生成物が放出されます。

福島第一原発ではプールに海水を注入したので、被覆管などの酸化が思ったより早く進む可能性があります。

取り出した後の保管場所も難題です。敷地内の共用プールは、余裕が465体分しかなく、1～4号機の使用済燃料プールにある3108体を、すべて収容することはできません。六ヶ所再処理工場のプールもほぼ満杯ですし、青森県むつ市に建設中の貯蔵施設の完成までには、時間がかかります。

原子炉から溶融燃料を取り出したあと、今度は圧力容器や格納容器を解体します。すべてをロボットで行うことはできません。前述のように、2号機格納容器内部の線量率は、1時間当たり最大73シーベルトです。8分浴びると人が死ぬほどの高線量です。調査はまだ一部でしか行われていませんので、もっと高いところがあるかもしれません。

建屋内部の汚染も尋常ではありません。1時間に数シーベルトの高線量の場所がすでに確認されています。どこにこうしたポイントが潜んでいるかわかりません。

IV　行くも地獄、戻るも地獄

作業は命がけになるでしょう。

　原子炉建屋やタービン建屋など、多くの構造物も解体・撤去しなければなりません。商業用原発 1 基を廃炉にすると、50 から 55 万トンの廃棄物が出ると言われています。福島では最低 200 万トン、5 号機、6 号機を廃炉にするのであれば、300 万トン近い廃棄物が出ることになります。

　通常の廃炉では、放射能で汚染された廃棄物は 3％程度ですが、福島第一原発の場合はかなりの部分を放射性廃棄物として扱わなければならないでしょう。

　敷地の土壌汚染も深刻です。1 号機と 2 号機の間の排気塔付近では、1 時間当たり 10 シーベルトの高線量率です。セシウムやストロンチウムだけではありません。猛毒のプルトニウムも検出されています。これらの土壌をどこにどのように処分するのでしょうか？

　地下には 10 万トン近い高レベルの放射性廃液が溜まっています。地下水とともに海に流れ出れば、太平洋岸は放射能の海となります。流れ込む地下水によって、廃液の量は減らず、すでに 37 万トンに達しています。敷地内には次々とタンクが増設されています。

　高レベル放射性廃液の処理・処分は、使用済燃料の取り出しと並んで喫緊の課題です。地下水を遮断する遮水壁が完成するのは 2014 年度です。しかも当初予定では、遮水壁はぐるりと原子炉建屋全体を囲む形で計画されていましたが、現在は海側のみに変更されています。海に流れる廃液しか遮断できず、地下を伝って迂回する廃液には対応できないのです。

　東電福島第一原発事故はとてつもない負の遺産を残してしまいました。私たちと次の世代は、こうした負の遺産と否応なく向き合わなければなりません。まさに「行くも地獄、戻るも地獄」です。

10 万年の負の遺産——高レベル放射性廃棄物

　原発をやめるにしても、続けるにしても、高レベル放射性廃棄物の処分問題は、避けて通ることができません。原子力の世界で「処分」とは「捨てる」と同義語です。私たちは「電気」という果実を得る代わりに、廃棄物の

量を増やしています。しかも、「処分」場所がないままに……。「トイレのないマンション」と揶揄されるゆえんです。

では「高レベル」とは、何を意味するのでしょうか？

日本では放射性廃棄物には2種類しかありません。「高レベル放射性廃棄物」と「低レベル放射性廃棄物」です。「高レベル放射性廃棄物」は、使用済燃料を「再処理」して、ウランやプルトニウムを取り出した後の核分裂生成物、つまり「死の灰」の塊です。「高レベル放射性廃棄物」は、ガラス固化体と液体の二つの形で存在しています。

日本では使用済燃料の全量が「再処理」されることになっていて、再処理すればするほど高レベル放射性廃棄物は増えます。

ではどこに、どれくらいあるのでしょうか？

日本原燃六ヶ所再処理工場には、フランスから返還されたガラス固化体1310本、イギリスから返還されたガラス固化体104本、日本でガラス固化されたもの270本の、合わせて1684本が保管されています。イギリスから、あと800本弱が返還されます（2012年末現在）。またガラス固化体にされる前の高レベル放射性廃液は200数十㎥あります。

一方、日本原子力研究開発機構の東海事業所には、247本のガラス固化体と392㎥の廃液が保管されています。日本原燃六ヶ所再処理工場と合わせると、1931本のガラス固化体がすでに日本に存在します。

もしすべての原発を停止して、装荷されている使用済燃料すべてを再処理すると、ガラス固化体およそ2万2000本余りが発生します。逆に原発の運転を事故以前のペースで続け、全量再処理すると仮定すると、10年程度でおよそ4万本のガラス固化体が発生します。

1本のガラス固化体はどれほど「高レベル」なのでしょうか？

1本当たりおよそ10の16乗ベクレルです。膨大な量の「死の灰」です。生身の人間が近づけば即死します。これが4万本発生します。

ではこの4万本を日本はどうする計画なのでしょうか？

日本では「特定放射性廃棄物の最終処分に関する法律」（通称「最終処分法」）で、30年から50年程度、冷却のため貯蔵・管理したあと、地下300メートル以深の地中に「処分」、つまり捨てることになっています。高レベ

ル放射性廃棄物を「特定放射性廃棄物」と原子力ムラ用語に言い換えていることにも注意しなければなりません。

地下深く処分するのは、「高レベル放射性廃棄物」だけではありません。再処理やMOX燃料（ウランとプルトニウムの混合酸化物）の製造工程で出る、超ウラン元素（TRans-Uranium）も同様に処分されます。頭文字をとって、「TRU廃棄物」と呼ばれます。TRU廃棄物は、「低レベル放射性廃棄物」に分類されていますが、ネプツニウムやプルトニウムなど、半減期（放射能が半分になるまでの時間）が極めて長く、毒性の強い金属を含んでいます。たとえばネプツニウム237は半減期が214万年です。

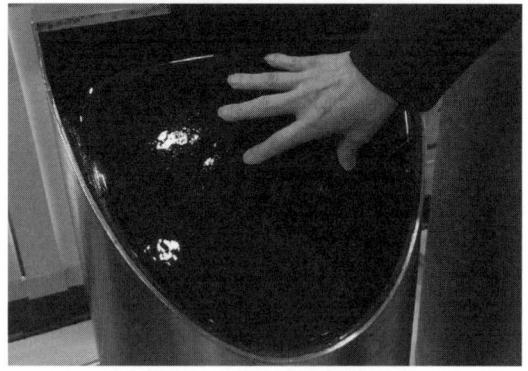

ガラス固化体の模型。ガラス固化体はキャニスター（ステンレス製容器）に入れられ、そのキャニスターをさらにオーバーパックと呼ばれる鋼鉄製の容器に入れられる。（写真提供／日本テレビ放送網）

使用済燃料を再処理する時に、燃料棒を細かく裁断して、酸に漬け込んで燃料を溶かしますが、そのあとに残る被覆管の残骸（ハル、エンドピース）などが、TRU廃棄物の典型です。

では高レベルのガラス固化体は、どのように「処分」、つまり捨てられるのでしょうか？

まずガラス固化体はキャニスターと呼ばれる厚さ5〜6ミリのステンレス製容器に入れられています。直径43センチ、高さが1.3メートルで、重さは500キロほどです。

捨てる時には、その外側に厚さ19センチのオーバーパックと呼ばれる鋼鉄製の容器に入れられます。オーバーパックは、1000年間は放射能が漏れないように設計されているそうです。

さらにオーバーパックをベントナイトと呼ばれる粘土のような緩衝剤で包みます。緩衝剤はオーバーパックにかかる圧力を和らげたり、地下水に溶けた放射性物質の動きを抑えたりする働きがあると言われています。

その外側に、岩盤など自然のバリアがあり、人間環境から10万年以上隔離するというのが計画です。

「わが国における高レベル放射性廃棄物地層処分の技術的信頼性—地層処分研究開発第2次とりまとめ」というレポートによると、高レベル放射性廃棄物が人間環境に最も影響を与えるのは、80万年後となっています。

さて10万年とか80万年という時間を、私たちはどのように考えたらよいのでしょうか？

地下の処分施設を作るために、電力会社などが出資した原子力発電環境整備機構（NUMO）という組織が2001年に作られました。処分場は地下300メートル以深の岩盤に坑道を張り巡らせ、2キロ×3キロの規模で、ガラス固化体4万本とTRU廃棄物など1万9000立方メートルを捨てられる施設となります。総額3兆円のプロジェクトです。

処分場の候補地としては、北海道幌延町、岐阜県瑞浪市、高知県東洋町などの名前が上がりましたが、NUMO発足から10年たった現時点でも、処分場の候補地は決まっていません。

ガラス固化体や高レベル放射性廃液を、地上で管理するのは極めて危険です。地震で設備が損壊すると、手がつけられなくなる恐れがあります。かといって、埋める場所はありません。

まさに「行くも地獄、戻るも地獄」です。

2012年9月、日本学術会議は、地中処分を撤回して、数十年から数百年間、いつでも取り出せるように暫定的に保管すべきだとの提言をまとめました。何万年という単位で、安定した地層を見つけるのは、「現在の科学的知

北海道幌延町にある「深地層研究センター」の地下（写真提供／日本テレビ放送網）

識と技術能力では限界がある」と、当たり前のことを述べたうえで、「暫定保管」と「総量規制」を提言しています。「最終処分」から「暫定保管」に変更しても、次の世代に先送りすることには変わりありません。しかも、暫定保管場所のめどもないままに……。

北海道幌延町には、かつて「貯蔵工学センター」という、最終処分の研究施設が計画され、地元が大きく揺れました。1980年代初め、中川一郎科学技術庁長官の時代に突如として誘致話が持ち上がり、以来町を二分する対立が続いています。

研究施設とは表向きの顔で、実際にはそのまま処分場にしようとしていたことが、明らかになっています。現在は放射性廃棄物を持ち込まない「深地層研究センター」と名前を変えていますが、いまでも「最終処分地に……」という話が浮かんでは消えています。

2012年冬、零下15度の幌延を訪ねました。離散する酪農家が相次いでおり、主を失った廃屋が、あちこちに見られます。最終処分地を誘致したいという地元商工会の声も聞かれる一方、日本の食糧基地「北海道」のブランドを守るべきだとの声も聞かれます。ひとたび原子力施設として名前が上がると、蛇ににらまれた蛙のように地元はすくんでしまいます。

「深地層研究センター」では、地層の物理探査、地層や地下水の性質の調

203

再処理の工程

| 受入・貯蔵 → | せん断・溶解 → | 分離 → | 精製 → | 脱硝 → | 製品貯蔵 |

(図中ラベル)
- 貯蔵プール／使用済燃料
- せん断／溶解
- 核分裂生成物の分離／ウランとプルトニウムの分離
- ウラン精製／ウラン脱硝／ウラン酸化製品
- 高レベル放射性廃液
- 燃料棒の被覆管として再利用。容器に入れて貯蔵庫で保管
- ガラス固化して安全に保管
- プルトニウム精製／ウラン・プルトニウム混合脱硝／ウラン・プルトニウム混合酸化物製品

※●ウラン／●プルトニウム／▲高レベル放射性廃棄物
※「せん断」とは切り刻むこと。「脱硝」とは硝酸を飛ばすこと。
出典:『原子力2010』(経済産業省資源エネルギー庁編集・日本原子力文化振興財団発行)掲載の図を元に作成

査などを行っています。私も地下百数十メートルまで下りてみましたが、泥岩特有の湿り気を感じました。地下水を口に含むと、塩分、そして金属臭があり、ここがかつて海の底だったことをうかがわせました。

　日本に果たして高レベル放射性廃棄物の処分場に適した土地はあるのでしょうか?

漂流する使用済燃料と再処理

　再処理は核兵器の原料となるプルトニウムを抽出する技術です。核保有国以外で、商業用の再処理を行っているのは日本だけです。現在、青森県六ヶ所村に日本原燃六ヶ所再処理工場が建設中です。

　1980年代、動燃(動力炉・核燃料開発事業団、現在の日本原子力研究開発機構)の東海再処理工場を何度か取材しましたが、取材すればするほど、再処理技術は未確立との印象を深くしました。実際、東海再処理工場は、年間210トンの再処理が目標でしたが、実際の処理量は目標の20％程度に過ぎませんでした。

IV　行くも地獄、戻るも地獄

　日本は使用済燃料を全量再処理してプルトニウムを取り出し、高速増殖炉で再利用するという、いわゆる核燃料サイクルの推進を基本としています。しかし、再処理工場は稼働せず、高速増殖炉「もんじゅ」も事故続きで、「燃やせば燃やすほど燃料が増える夢の準国産エネルギー」というおとぎ話は、絵空事になりつつあります。
　「準国産」とは奇妙な言い方ですが、元となるウランは輸入するものの、そこからできるプルトニウムは「国産」というわけです。

　再処理の工程は使用済燃料をせん断するところから始まります。せん断すると、たちまち中に閉じ込められていた核分裂生成物が解放されます。再処理工場の工程は、すべて分厚いガラスとコンクリートで遮断された空間で行われ、作業はマニピュレータ（人間の手や腕の運動機能を持つ工業用ロボット）を使った遠隔操作で行われます。
　まずせん断した使用済燃料を硝酸に溶かします。使用済燃料の燃焼度が、かつてと比べて上がっていることから、硝酸にも溶けにくくなっています。
　次にウランやプルトニウムを含んだ溶解液に、リン酸トリブチル（TBP）という有機溶媒を加えて、核分裂生成物と分離します。ウランやプルトニウムは有機溶媒相にとどまり、水相に溶ける核分裂生成物と分離できる仕組みです。
　あとは硝酸を取り除き、核分裂性のプルトニウムが単体で取り出せないように、ウランとの混合酸化物の形で製品化されます。
　工程としては化学工場と同じですが、大量の使用済燃料を扱うことから、臨界管理、遮蔽、放射性物質の閉じ込め機能、地震・火災など災害対策、それにウランやプルトニウムの保障措置と、極めて多様な安全管理が必要です。
　では六ヶ所再処理工場の現状を見てみましょう。まず費用ですが、六ヶ所再処理工場は1989年に設置許可が申請され、その時の総工事費は7600億円と見込まれました。それが10年後には2兆円を超え、現在までにおよそ2兆2000億円がつぎ込まれました。解体するには1兆5000億円程度が必要です。
　当初は1997年には運転開始の予定でしたが、2012年9月、日本原燃は

工事の完成を2013年10月まで延期しました。15年以上の遅れです。19回目の延期で、すでに2013年の完成を危ぶむ声も出ています。

年間の処理量は800トンですが、仮に100％稼働したとしても、六ヶ所だけでは日本全体の年間発生量1000トンを再処理することはできません。これまでに再処理した量は425トンです。

六ヶ所再処理工場の配管の長さは全部合わせると1400キロメートルにもなります。『原発震災』（七つ森書館、2012年）の著者で、地震学者の石橋克彦神戸大学名誉教授は、下北半島は活断層の巣であることから、再処理工場の危険性を再三にわたって指摘しています。

トラブルの原因は高レベル放射性廃液とガラスを混ぜて溶かす溶融炉の欠陥です。ガラス固化体を作るには、漏斗状の溶融炉で、ビーズ玉のようなガラスを熱で溶かし、高レベル放射性廃棄物をドロドロのガラスと混ぜて、ノズルからステンレス製のキャニスターに流し込むのですが、そのプロセスでトラブルが相次いでいます。溶融炉の欠陥です。

元東電副社長の豊田正敏氏は、「そもそも六ヶ所再処理工場を国産技術で建設したことに間違いがあった」と批判しています。またトラブル続きの溶融炉については、「製造者であるＩ社に責任を取らせるべきだ」と語っています。

核燃料サイクル、とくに再処理については見直し論が出ています。2012年4月に民主党の馬淵澄夫元首相補佐官らがまとめた、「原子力バックエンド問題勉強会　第一次提言」は正鵠を射ています。「提言」は「核燃料サイクル路線は実質的に破たんしている」と認めています。

では再処理をしない方法があるのでしょうか？

実は諸外国では使用済燃料のまま「直接処分」する方法が一般的です。再処理を継続しているのは日本とフランスぐらいです。

「直接処分」とは、その名の通り使用済燃料をそのまま処分する方法です。しかし日本では全量再処理が原則でしたので、「直接処分」の技術的研究は行われてきませんでした。

直接処分は再処理と比べると、メリットもありますが、デメリットもあり

ます。

　大きなデメリットは、まず長期間にわたる「臨界管理」が必要なことです。「使用済」といえども「燃料」ですので、再び燃えないように管理しなければなりません。しかも長期間にわたって……。核兵器の原料となるプルトニウムを含んでいるので、保障措置も重要です。

　また再処理は、核分裂生成物をプルトニウムから分離できるので、廃棄物の量を減容（容積を減らすこと）することができますが、直接処分では体積が減りません。再処理した高レベル放射性廃棄物の量は、直接処分と比べて10分の1程度の容積になると言われています。（使用済の燃料集合体は6万体を超えます。燃料集合体の大きさは、原子炉によって異なります。使用済燃料の量は通常トンウランという単位で表わされます。日本にある使用済燃料は1万9000トンウランで、アメリカ6万1000トンウラン、カナダ3万8400トンウランに次いで大量の使用済燃料を保有しています。）

　これには異論もあり、再処理工場を解体する時に出る膨大な放射性廃棄物を考慮に入れると、必ずしも減容できないと考える研究者もいます。いずれにしても、6万体を超える大量の使用済燃料を直接処分するには広大な土地が必要です。

　さらに、除熱も課題です。使用済燃料は崩壊熱でかなり発熱します。金属製の容器に挿入して「処分」しますが、ガラス固化体より発熱量が多いと言われ、材料や構造の研究が不可欠です。

　遮蔽の問題も複雑です。というのも、使用済燃料には超ウラン元素など、半減期の長い金属が含まれています。使用済燃料が自然界のウラン鉱脈と同程度のレベルに低下するには、1万年という長い時間が必要です。

　使用済燃料を「乾式貯蔵」する試みは、福島第一原発と東海第二原発で行われてきました。前にも述べたように福島第一では、金属製のキャスクに入れられて、プールの外に置かれていた使用済燃料は、地震や津波の影響をほとんど受けませんでした。しかし、直接処分の研究はまだ始まってさえいないというのが、日本の現状です。

　一方、メリットとしては、新たな技術開発が進むまで時間稼ぎができます。「取り出し可能性」（Retrievability）が確保されれば、数十年から100年程度

にわたって保管し、「原子核変換」（後述）など、放射能を消す技術が開発されたら、取り出して処理・処分するという考え方です。それでも次の世代に先送りすることに変わりはありません。

プレートの先端に位置し、地震活動や火山活動が活発な日本で、数万年にわたって「高レベル放射性廃棄物」を安全に隔離することができるかどうか、技術だけでなく、哲学や倫理の問題だと私は感じています。

技術以外にも問題があります。「再処理しない」と決めたとたんに、青森県は六ヶ所再処理工場に貯蔵されている使用済燃料を、元の原発に引き取るよう電力会社に要請するでしょう。青森県は「再処理を前提に、お預かりしている」（三村申吾知事）との立場ですので、再処理しないのであれば、もとの原発に引き取ってもらうとのことです。国と青森県の間には、「知事の了解なくして青森県を最終処分地にできないし、しないことを確約します」という協定が存在します。

一方、電力会社は使用済燃料を「資産」として計上しているので、「廃棄物」、つまりゴミとなった瞬間に資産は消えます。なぜ使用済燃料が「資産」なのでしょうか？

使用済燃料にはプルトニウムや燃え残りのウランが含まれているから、というのがその理由です。たとえば東京電力は、使用済燃料を「加工中等核燃料」として、およそ7300億円を「資産」として計上しています。もしこれがゴミになると、たちまち債務超過に陥り、経営的な問題が生じます。

2013年2月、私は高レベル放射性廃棄物処分場の建設をすでに決めたフィンランドの「オンカロ」を取材しました。「オンカロ」とは「洞穴」という意味で、2020年には処分場が完成します。私も地下420メートルまで下りてみました。

地層は19億年前の地層で、大変安定しているとのことです。これまでに起きた最大の地震はマグニチュード4.9で、M7以上の地震が頻発する日本とは、まったく自然条件が異なります。トンネルの壁を叩くと、カンカンと固い金属のような音がしました。すでに500メートルまで掘り進められています。

私が驚いたのは施設そのものよりも、処分場建設に至る民主的な手続きで

フィンランドの「オンカロ」の入り口（筆者撮影）

した。フィンランドは1978年から原発が稼働していますが、1980年代初めにはすでに全国100カ所で処分場の調査を行っています。

　およそ30年かけて4カ所に絞り、最終的に自治体の意向や自然条件、それに様々なリスクを勘案して、オンカロに決まりました。自治体の意向が徹底的に尊重されたことは言うまでもありません。

　その間、地方自治体に交付金のような利益誘導は一切行われませんでした。情報はすべて公開され、住民の知らないまま水面下で決まるようなことは一度もなかったそうです。「オンカロ」は成熟した民主主義の賜物です。

　ひるがえって日本で果たして、高レベル放射性廃棄物の処分場を「民主的」に決めることができるでしょうか？

　私は廃棄物のことを考えると、いつも暗澹たる気持ちに陥ります。

　一方、溜まり続けるプルトニウムの問題も重要です。日本はすでに原爆の材料となる核分裂性のプルトニウム30トンを溜め込んでいます。国内に存在するのがおよそ5トン、残りは再処理を委託しているイギリスとフランスに保管されていますが、いずれ日本に返還されます。プルトニウム単体で

保有しているわけではありませんので、「ただちに」原爆の材料として使えるわけではありませんが、量としては長崎型原爆の数千発分に相当します。

六ヶ所再処理工場が本格稼働すると、毎年新たに5トン程度のプルトニウムが溜まっていきます。たとえ「ただちに」原爆の材料として使えなくても、核分裂性プルトニウムを溜め込むことに対する世界の目は厳しくなります。「日本は核開発をたくらんでいるのではないか……？」と。

日本は利用目的のない余分なプルトニウムを持たないことを、国際的に公約しており、溜まり続けるプルトニウムについて説明する責任があります。

2018年には、日本とアメリカの「原子力協定」が期限を迎えます。現在の協定は、「包括事前同意方式」といって、再処理を含めて日本に大きな自由度が与えられています。利用目的をはっきりさせないまま、プルトニウムをずるずると溜め込むとなると、核不拡散の観点から、アメリカが協定の延長に同意しない可能性もあると見られています。

2012年9月、野田政権は「2030年代原発ゼロ」を掲げた「革新的エネルギー・環境戦略」を発表しました。一方で着工済みの原発の建設継続を認めました。とくにJパワー（電源開発）が青森県に建設中の大間原発の建設継続を認めたことは、日本は今後もプルトニウムを利用するという、アピールの意味合いが強かったと私は見ています。

大間原発は世界で初めての「フルＭＯＸ燃料」（MOX燃料＝ウランとプルトニウムの混合酸化物）の原発です。原子炉のタイプは改良型の沸騰水型原子炉（ABWR）です。

「フルＭＯＸ燃料」の原発は、通常の軽水炉と比べて技術的な問題が二つあると言われています。一つは制御棒が効きにくいこと、もう一つが原子炉内の圧力が高くなりやすいという点です。

Jパワーは今まで一度も原発を建設・運転したことはありません。原発への参入は1970年代からの悲願でした。1970年代、Jパワーはカナダ型重水炉（CANDU）の導入を模索していましたが、動燃（動力炉・核燃料開発事業団、現在の日本原子力研究開発機構）が自主開発していた新型転換炉（ATR）との間で、CANDU-ATR論争が繰り広げられました。1974年、インドは核実験を行いましたが、その時に使ったプルトニウムは、インドが導入した

CANDU炉から取り出したと見られていました。

　原子力委員会は1979年、「CANDU炉を導入する積極的な理由を見出すのは難しい」として、JパワーにATRを押し付けました。ところが1995年、今度は電力事業者がコスト高（軽水炉の3倍の発電単価）を理由に、新型転換炉の採用を拒否、結局JパワーはフルMOX燃料の原発を建設することになったのです。

　経験ゼロのJパワーが、運転の難しいフルMOX燃料の原発を世界で初めて建設・運転するという皮肉な事態になってしまいました。

　かつて原子力船「むつ」の取材をしていた頃、大間にも必ず立ち寄りました。当時の所長に、「さぞかし送電費用がかかるでしょう」と聞いたところ、「送電費用の計算はもうやめました」との答えでした。本州最北端にあることから、当初から送電費用がかかり、経済性に問題があったことは明らかです。

　元東電副社長の豊田正敏氏は、「MOX燃料は加工費も高く、再処理技術も確立していない」と指摘しています。

　それでもプルトニウム利用の実績を作るには、大間原発の建設を継続する以外に道はなかったのです。MOX燃料の利用は、もとはといえば高速増殖炉の実用化が遅れたために編み出された苦肉の策でした。

　大間はマグロで有名です。2013年正月、築地の初セリで200キロを超える大間のマグロが、1億5000万円で競り落とされました。事故が起きれば、たとえ小さな事故でも大間のブランドは地に落ちます。

　苦肉の策を積み重ねて袋小路に入り込むというのが、日本の原子力開発の歴史です。

　再処理を続ければガラス固化体とプルトニウムが増え続けます。再処理をやめたとたんに6万体余りの使用済燃料は漂流を始めます。

　進退窮まる現実を、私たちは直視しなければなりません。

「もんじゅ」の悪知恵

　「三人寄れば文殊の知恵」と言われます。釈迦如来の脇侍である文殊菩薩は「知恵」の象徴です。同じく脇侍である普賢菩薩が「慈悲」を表すのと対

照的です。高速増殖原型炉「もんじゅ」と新型転換原型炉「ふげん」は、二つの菩薩にちなんで命名されました。「知恵」と「慈悲」です。

　高速増殖原型炉「もんじゅ」は、事業仕分けで有名になりました。事業仕分けによって当初は廃止されると見られていましたが、「革新的エネルギー・環境戦略」で研究炉として温存されることになりました。「廃棄物の減容及び有害度の低減等を目指した研究を行う」ためというのが、その理由です。「文殊の知恵」というより、「もんじゅ」の「悪知恵」です。

　「もんじゅ」は1995年、運転開始からわずか3カ月でナトリウム漏えいによる火災が発生しました。事故後に公表されたビデオが故意に編集されていたことから、「トラブル隠し」と非難を浴び、自殺者まで出しました。

　また運転再開に向けて確認試験をしていたところ、2010年には原子炉内に重さ3.3トンもある中継装置が落下、長期間運転を停止したままです。

　2012年12月、9679件の機器が点検時期を過ぎたまま見逃されていたことで、原子力規制委員会から保安規定違反との指摘を受けました。事業主体である日本原子力研究開発機構（旧・動燃）の鈴木篤之理事長は、「形式的なミスが出るのはやむを得ない」と発言したそうです。保安規定違反は「形式的なミス」でしょうか？

　「もんじゅ」に投じられた税金は1兆円を超え、現在、維持費だけでも1日ほぼ5000万円の費用がかかるといわれています。

　「もんじゅ」の安全性について、技術的な問題点を二つだけあげておきます。

　まず冷却材としてナトリウムという金属を使う点です。金属ナトリウムは常温では固体です。これを熱すると液体になります。金属ナトリウムの融点は97.7度です。溶けたナトリウムによって核分裂反応の熱を奪い、2次冷却系を通して蒸気を発生させて発電するシステムです。

　金属ナトリウムは水と激しく反応します。皆さんも理科の実験で経験があると思います。金属ナトリウム片を水槽に入れると炎が出て、やがて「ポン」と爆発します。

　ナトリウムと水の反応によって水素が発生し、その水素に火がつくためです。

高速増殖原型炉「もんじゅ」(福井県敦賀市、2011年11月17日撮影、写真提供／毎日新聞社)

反応式　$2Na+2H_2O \rightarrow 2NaOH+H_2$

　金属ナトリウムは空気中の水蒸気とも反応します。冷却材に使うということは、ナトリウム漏れによって発火し、火事が起きても水をかけて消火することができないということです。消火は不燃性のガスで行われます。

　軽水炉にとって「水」が命であることは、すでに述べたとおりですが、高速増殖炉では「水」は敵です。崩壊熱を除去するための冷却は自然循環に任されます。最終的なヒートシンクは空気です。

　溶けた金属ナトリウムは、水のように透明ではありません。水銀のような状態です。不透明であるということは、中を目視することができないということです。高速増殖炉では原子炉を上から覗いて、燃料棒を目視で確認することはできません。

　また温度が下がると固体となります。液体として循環させるためには、長い配管のすべてを常時高温に保たなければなりません。

　このように冷却水として「水」を使う場合より、はるかに運転や管理が困難です。通常運転の時は問題がなくても、ひとたび事故が起きると大きなハンディとなります。原理的に可能であるということと、実際にオペレーショ

ンができるということの間には、大きな違いがあるのです。

　軽水炉に比べて利点もあります。沸騰水型の原子炉は70気圧にもなりますが、高速増殖炉では2気圧程度です。また温度は550度まで上げられるので、熱を電気に変える効率が高くなります。燃料を増殖させることも原理的には可能です。

　もう一つの技術的問題は、正の反応度係数です。軽水炉では反応度が上がって、原子炉の中に気泡が増えると、自然に核分裂反応が抑制される「固有の安全性」という機能があります。
　ところが高速増殖炉では、冷却材が沸騰したり、燃料ピンが破損して気泡が生じると、原子炉の出力が加速度的に上昇します。このことはチェルノブイリ型の「反応度事故」（93ページ参照）、つまり核の暴走事故が起きやすいことを表しています。
　またフランスの高速増殖炉フェニックスでは、突然出力が低下する現象がみられました。原因はいまだに不明です。高速増殖炉の原子炉物理には、まだ未解明の点が残されています。
　これが「夢の原子炉」の核心です。

　では「もんじゅ」を使って行うという「廃棄物の減容および有害度の低減等を目指した研究」とはどんな研究なのでしょうか？
　放射能を消してしまいたいと思うのは誰もが同じです。しかし放射能は「半減期」より早く減衰することはありません。福島第一原発事故で放出されたヨウ素131は8日、セシウム137は30年、プルトニウム239は2万4000年と決まっています。
　実は半減期の長い核物質（長寿命核種）に、中性子や陽子を照射すると、半減期の短い物質（短寿命核種）に変換できるケースがあります。いわば「核のゴミの焼却技術」（消滅処理）です。「核変換技術」と呼ばれます。
　放射性廃棄物をゴミのように分別して長寿命核種を分離し、高速中性子や陽子ビームを照射して、短寿命核種に変えてしまおうという野心的な技術です。これまで実験室レベルでは研究が行われてきました。また高速増殖炉や

粒子加速器を利用した実証実験も提案されています。しかしまだまだ実験段階です。実験室レベルの研究に、「もんじゅ」という熱出力71万4000キロワットの原子炉を使って行うことは、常識では考えられません。そのために「もんじゅ」を再稼働させるのは、リスクとベネフィット（経済的利益）をはかりにかけて、とても割に合わないと私は思います。

原子核変換の研究を全面否定するつもりはありません。しかし、「もんじゅ」を温存するための口実として使うとしたら、本末転倒です。文殊菩薩の名前が泣くと私は思います。

廃炉の季節

野田政権は「2030年代原発ゼロ」を実現するために、原発の寿命を40年に区切りました。政権が変われば政策も変わり、40年の寿命が見直されるかもしれませんが、いずれにしても使い終わった原発は、廃炉にしなければなりません。形あるものにはすべて終わりがあります。

かつて家電製品を使い終わったらそのままゴミ箱に捨てていましたが、今は費用がかかります。同様に原発をスクラップにするためには、膨大なマンパワー、技術、コスト、そして時間が必要となります。

「今すぐすべての原発を廃炉に！」と叫んでも、現実にはほとんど不可能です。まず50基の原発を一気に廃炉にするだけの技術もマンパワーもありません。

日本国内でただひとつ廃炉が完了したのは日本原子力研究開発機構（旧・動燃）の動力試験炉（JPDR）だけです。JPDRは記念碑的な原子炉です。1963年10月26日、日本で初めて原子力による「発電」に成功しました。これにちなんで10月26日は「原子力の日」と呼ばれています。

1963年から1976年までわずか13年間運転しただけで、廃炉の措置が取られました。13年間は事故とトラブルの連続でした。運転を停止してから実際の廃炉作業に入るまで10年かかりました。その間、鋼鉄製の分厚い原子炉を切り刻むプラズマ・アーク・ソーという、電気のこぎりの開発などが行われました。

廃炉にはいくつかの方法がありますが、日本では一貫して建屋を解体して、

更地に戻すことになっています。更地に戻して新しい原発を建設する土地を確保しておくのが狙いです。JPDR は 1986 年から 10 年かけて解体され、今は更地になっています。

　JPDR は電気出力わずか 1 万 2500 キロワットの小さな原子炉でしたが、廃炉の費用は 225 億円に上りました。現在廃炉作業中の日本原電東海第一原発は 900 億以上の費用がかかると見られています。

　100 万キロワットを超える原発の廃炉費用は、おそらく 1 基 1000 億円をはるかに超えるでしょう。

　また廃炉にかかる期間は JPDR が準備期間を含めると 15 年、東海第一原発で 16 年、日本原子力研究開発機構の新型転換炉「ふげん」は 25 年という時間が必要です。一般の商業用原子炉の廃炉には、冷却期間を含めて 20 年から 30 年が必要と見られます。

　「ふげん」は 2012 年 3 月、東海再処理工場の補強工事が終わらないため、使用済燃料 466 体を運び出すことができず、廃炉の完了は 5 年遅れて 2033 年となりました。

　私が最も危惧しているのはマンパワーです。解体作業にかかるマンパワーは、一人が 1 日働く工数を 1 人・日として計算されます。JPDR ではおよそ 15 万人・日でした。商業用原子炉ではこの 10 倍程度になるでしょう。仮に 100 万人・日としても、50 基の原発を廃炉にするための作業員を集めることは極めて困難です。

　定期検査のたびに原発を渡り歩いているいわゆる「原発ジプシー」と呼ばれる人々は 3 万人程度です。原発はすでにこうした人々の犠牲の上に成り立っているのですが、この数を劇的に増やすことは不可能ですし犯罪的です。

　廃炉作業は炉心周辺の放射化した機器の解体がマンパワーの 30％程度を占めています。放射化した機器とは、圧力容器や原子炉内の構造物、それに遮蔽体などですが、解体には熟練が必要です。50 基の原発を解体するには、技術開発、作業員の教育訓練が必須です。作業員の被ばくを最小限に防がなければなりません。

IV　行くも地獄、戻るも地獄

　解体して出る廃棄物はJPDRのケースで2万数千トンでしたが、100万キロワット級の原発では1基あたり50万トン程度と見られています。「ふげん」は36万トンと見積もられています。そのうち放射性廃棄物として処理しなければならないのは2～5％程度です。

　解体の手順などは、原子炉の特性によって異なります。30年から40年も前に建設された原発の内部構造を熟知している作業員はほとんどいません。解体するにもどこから手を付けてよいかわからないケースも出てくるでしょう。

　解体までのメンテナンスもコストがかかります。維持費が数百億円に上るという試算もあります。

　ざっと見積もると、廃炉コストは1基1000億円として50基で5兆円、解体して出る廃棄物は1基50万トンとして50基で2500万トン、期間はおそらく50年以上が必要となるでしょう。

　これらが次の世代への負の遺産となります。

　このように21世紀初頭の日本は間違いなく「灰色」ならぬ憂鬱な「廃炉の季節」を迎えます。

　商業用原発のほかにも、かつて大学などが保有していた研究用原子炉が、解体できずにほとんど放置されています。原研、日立、東芝、立教大学、武蔵工大など、1960年代から70年代に作られた研究炉さえ、廃炉にできずに残っているのです。

4つの事故調を読んで――未解明に終わった事故原因

　前にも述べましたが、東電、民間、政府、国会の四つの事故調査委員会が、報告書を公表しました。私はすべてに目を通しましたが、事故がなぜ起きたのか、実証的に検証されたとは到底思えません。

　原発に対する賛否はさておいて、日本が「科学技術立国」を名乗るなら、最低限、工学的に事故のプロセスと原因を究極まで徹底究明すべきです。英知を結集すべきです。しかし、事故調査委員会はすでに解散し、これから先の事故調査はうやむやのまま終わりそうな気配です。教訓が世界に共有されることはありません。責任追及もうやむやのまま終わるでしょう。恥ずかし

い限りです。

　それでも4つの報告書はそれぞれに特徴がありますので、私なりの評価と感想を記しておきたいと思います。

東電事故調
　まず東電の「福島原子力事故調査報告書」です。最終報告書は2012年6月20日に公表されましたが、東電事故調の本質は2011年12月2日に発表された中間報告の「別冊」に表れています。
　「別冊」には何が書かれているでしょうか？
　一言で言うと、「弁解」です。自分たちに瑕疵はないということを、あらゆるデータを利用して強調しています。
　東京電力はすべての情報を握っています。規制機関の原子力安全・保安院でさえ、直接データにアクセスすることができません。国会事故調や政府事故調の東電に対するヒアリングも基本的には任意です。これではフェアで客観的な事故調査はできません。
　では「別冊」はどういうスタンスで何が書かれているのでしょうか？
　まず「津波」です。津波について「当社が津波を想定していたにもかかわらず、対応を怠ったという指摘がある」と問題提起した後で、いかに「対応を怠った」ことがないか、「弁解」を滔々と述べています。
　設計を超えた事故に対するいわゆるアクシデント・マネージメントについては、通産省や原子力安全委員会からもお墨付きをもらっており、「事故の原因は、当社想定をはるかに超える巨大津波」であると、責任をすべて津波に負わせています。
　地震については、「地震によって、発電所の安全上重要な設備が損傷していたのではないかとの指摘がある」と述べたうえで、いかに損傷がなかったか反論するという形をとっています。耐震設計に「問題あり」となると、すべての原発を見直さなければならなくなるからです。
　1号機と3号機の水素爆発については、「爆発は防げなかったのかとのご指摘」があるので調べたが、1号機については「建屋に水素が滞留し、爆発するということまでは予測できなかった」し、3号機についても、「1号機

爆発の対応など様々な対応と並行して、マスク装着など重装備での対応、照明などない中での高所作業の対応となるため現実には難しかった」と述べています。

このほか「海水注入問題」や「撤退騒ぎ」などすべての記述が、「指摘」に対する「弁解」という形になっています。真摯に事故原因を究明しようという姿勢はありません。2012年6月に公表された最終報告書は、「別冊」を補強するためのもので、東電の「責任逃れ」のための報告書となっています。

東電は自分の主張に合うデータだけを公表し、「不都合な事実」はまだまだ隠しているとの印象を持っています。

民間事故調

民間事故調の報告書は工学的な事故原因の究明という点では、見るべきものがありませんでした。政治家はヒアリングに応じましたが、東電は拒否したからです。しかし、民間の研究者、弁護士、ジャーナリストが、何の権限も持たずに、「いても立ってもいられない気持ち」から、「原発を国策として進めてきた政府の責任を明確にする」ために立ち上がったことは尊敬するに値します。

民間事故調報告書の最大の功績は、近藤駿介原子力委員長が3月25日に政府に提出した最悪の事態についての報告書を公表したことです。「福島第一原子力発電所の不測事態シナリオの素描」と題するレポートでは、1～3号機の原子炉と1～4号機の使用済燃料プールがすべて「不測の事態」に陥った場合の被害予測を行っています。

そして最悪の場合には、「強制移転をもとめるべき地域が170キロ以遠にも生じる可能性や、年間線量が自然放射線レベルを大幅に超えることをもって移転を希望する場合認めるべき地域が250キロ以遠にも発生する可能性がある」と述べるとともに、「この範囲は、時間の経過とともに小さくなるが、自然（環境）減衰にのみ任せておくならば、上の170km、250kmという地点で数十年を要する」と結論づけています。

福島第一原発から250キロというと、東京はもちろんのこと関東の広い範囲が含まれます。恐ろしい結論です。「最悪の事態」の場合は、東京にも

人が住めなくなる恐れがあったと、ほかならぬ原子力委員長が言っているのです。

　今後原子力規制委員会が原子力防災の考え方をまとめるにあたって、このレポートをどのように生かすのか注目されます。新潟県の柏崎刈羽原発は全部で7基、福島第一原発を超える840万キロワットの世界最大の原子力基地であり、関東広域との距離は同じく200数十キロです。

　民間事故調報告書の特徴はほかに、リスク・コミュニケーションの問題を取り上げたこと、「グローバル・コンテクスト」（国際社会の中での事故の位置付け）の中で核セキュリティーの問題を取り上げたことなどが特徴です。せっかく原子力開発分野での日米関係なども取り上げているので、溜まり続けるプルトニウムの問題も扱って欲しかったと思います。

国会事故調

　国会事故調は法律に基づいて設置されました。目的は事故調査、行政対応の検証、事故防止策の提言と併せて、「国会による原子力に関する立法および行政の監視に関する機能の充実に資する」となっています。しかし、政府には「提言」を順守する義務が課されておらず、実際、原子力規制委員会は国会事故調の報告書を待たずに設置が決まりましたし、関西電力大飯原発の再稼働にも報告書の提言が生かされることはありませんでした。

　国会事故調は「国政調査権」という強い権限を与えられていましたが、「伝家の宝刀」を抜くことはありませんでした。

　国会事故調は唯一公開で参考人聴取を行いました。また広範な住民アンケートを行っており、原子力防災の観点からは貴重な証言が得られています。

　報告書のポイントは事故に至る以前の問題に焦点を当てたことです。第一部は「事故は防げなかったのか？」という大きなテーマを掲げています。

　そもそも福島第一原発は「強大で長時間の地震に耐えられるとは保証できない状態だった」と指摘、老朽化を考慮すると、津波が来る前に、地震によって「安全機能にとって重要な機器・配管系全体が、最大加速度600Galの基準地震動 Ss に耐えられる状態にあったとは保証できない」としています。東電と政府事故調の報告書は、地震による影響はなかったとしているの

（左から）民間、東電、政府、国会の四つの事故調査委員会が出した報告書

で、国会事故調は「地震」の影響については、独自の見解をとっています。

　もし地震による破損が事故の原因の一部だとすると、日本の全原発の耐震性を問わなければなりません。とくに旧指針策定前に建設された21基については、徹底調査の必要が出てきます。

　また国際水準を無視したシビアアクシデント対策がなぜ放置されてきたか、行政の責任を含めて指摘しています。国際水準では「深層防護」の考え方が主流です。「深層防護」とは5つの層からなります。

　第1層は「異常運転および故障の防止」で、通常運転から逸脱するような故障やミスを防ぐことです。

　第2層は「異常運転の制御および故障の検出」で、異常な運転になったらこれを検知して危機を止めるということです。

　第3層は「設計基準内への事故の制御」で、非常用炉心冷却系や非常用の電源で、安全に停止する状態に戻し、放射能の放出を防ぐことです。

　第4層の「事故の進展防止およびシビアアクシデントの影響緩和」とは、ベントや外部からの注水で「事故」の進展を防止して、放射能の放出をできる限り低くすることです。

　第5層は「放射性物質放出による放射線影響の緩和」で、すでに放出された放射能の影響を最小限にするために、避難や退避、水・食料の検査、医療支援など、原子力防災上の手段を講じるということです。

　日本では安全規制は第3層までで、第4・5層は規制の対象になっていませんでした。しかも、地震や津波など外部の要因については、考慮されてきませんでした。なぜ対象とならなかったのか、原因について報告書は規制当局（保安院）が事業者（電力会社）に取り込まれたからだと結論を述べてい

ます。

　「日本の原子力業界における電気事業者と規制当局の関係は、必要な独立性及び透明性が確保されることなく、まさに『虜（とりこ）』の構造と言える状態であり、安全文化とは相いれない実態が明らかとなった」

　これが原子力ムラの構造です。私に言わせれば「虜」どころか、規制当局は電気事業者の「奴隷」です。規制当局にとって大事なのは、「安全」ではなく電力会社なのです。

　報告書第2部の「事故の進展と未解明問題の検証」では、未解明の課題を列挙して、「今後規制当局や東電による実証的な調査、検証が必要である」と述べています。

　列挙された未解明の課題は以下の通りです。

◆ 地震動が安全上重要な設備を損傷するだけの力を持っていた可能性
◆ 小規模な配管の亀裂が起きた可能性
◆ 津波到達以前に電源を喪失した可能性
◆ 1号機4階で作業員が目撃した出水の解明
◆ 1号機の運転員がIC（= Isolation Condenser〈非常用復水器〉、通称「イソコン」）を停止した理由の解明
◆ 1号機のSR弁（主蒸気逃がし安全弁、圧力容器の圧力が上がった時に気体を逃がす弁）が作動しなかった可能性

　また報告書は東電が行っている解析コードを用いた事故解析にも厳しい批判を加えています。ほかに東電の事故対応の問題点、被害が拡大した要因の分析、電気事業者と規制当局の癒着関係、それに法整備などについても取り上げています。

　国会事故調の最大の貢献は、電気事業者と規制当局が一体となって、規制の枠組みを骨抜きにしてきたことを明らかにした点です。

　東電の経営姿勢については、「既設炉の停止」と「訴訟リスク」を「経営上のリスク」ととらえていて、「周辺住民の健康等に被害を与えること自体」をリスクとしてはとらえていなかったと述べたうえで、「原子力を扱う事業者としての資格があるのか」と疑問を呈しています。

　また規制当局についても、「国民の健康と安全を最優先に考え、原子力の

安全に対する監督・統治を確固たるものにする組織的な風土も文化も欠落していた」と断じています。

　国会事故調の報告書を読むと、これまで事故が起きなかったことの方が不思議に思えてきます。

政府事故調

　政府事故調は2011年5月の閣議で設置が決定されました。目的は「事故原因の究明」と再発防止に向けた「政策提言」ですが、政府に「提言」を尊重する義務はありません。報告書の7つの提言は出しっぱなしのまま、政府事故調も解散されました。政府事故調の委員には放射線医学研究所の研究者1名を除いて、原子力ムラの出身者はいませんでした。

　他の3つの報告書に比べて、工学的な事故原因の究明に最も多くの労力が割かれています。

　まず2011年12月に公表された中間報告書では、3月11日の地震発生から15日の2号機爆発に至るまでの事故の進展を、ほぼ時系列でまとめています。電源の確保、ベント、注水、運転員の判断などについて、詳しく述べられています。とくに非常用復水器（イソコン）の操作には、多くのページが割かれており、政府事故調がイソコンの稼働を重視していたことを物語っています。

　一方、2012年7月に発表された最終報告書では、過酷事故を免れた福島第二原発の事故対応と福島第一原発での対応を比較した点が最大のポイントです。福島第二原発では当時4基の原子炉が稼働しており、外部電源が1回線残ったものの、厳しい状況に陥ったことは間違いありません。政府最終報告書の趣旨は、福島第二原発でできたことが、なぜ第一原発でできずに過酷事故に陥ったかということです。次のように述べています（下線筆者）。

　福島第二原発では、津波到達後も外部電源からの給電が継続していたことによる余裕があったのに対し、福島第一原発2号機では全電源喪失の状況下で事故対処に当たらなければならなかったという違いは大きかったにせよ、福島第一原発2号機における事故対処は、福島第二原発におけ

るそれと比べ、具体的なプラントの状況を踏まえたうえで、事態の進展を的確に予測し、事前に必要な対応を取るというものにはなっておらず、<u>間断なく原子炉への注水を実施するための必要な措置が取られていたとは認められない</u>。

福島第二原発では増田尚宏所長が本部長となって指揮をとり、過酷事故を免れました。政府事故調は暗に吉田昌郎所長の采配を批判しているのです。

政府最終報告書はまた、計器類、とくに原子炉水位計が誤作動していたことを重く見て、誤表示した水位をもとに対策がとられたことなども批判しています。

さらに4つの報告書の中ではじめて水素爆発について定量的な分析を行いました。東電と保安院は、水素がどこからどれくらい漏えいしたかという視点で解析を行っていますが、政府最終報告書では逆に、1、3、4号機の爆発が起きるためには、どれくらいの水素が必要かという観点から分析を行っています。このアプローチだと、建屋の大きさと構造がわかれば、比較的合理的な水素の必要量が推定できます。

また東電や原子力安全基盤機構（JNES）が行った解析コードを使った事故解析についても、限界を指摘しています。

さらに工学的な事故の分析では、本編もさることながら資料編が充実しています。実際のデータとその解釈、東電や保安院の事故解析、事故の進展と得られたデータの整合性など、詳細に分析しています。報告書は最後に「原子力災害の再発防止及び被害軽減のための提言」として7つの分野で提言を行っています。

「安全対策。防災対策の基本的視点に関するもの」では、日本が「災害大国」であることを肝に銘じて、「リスクのとらえ方を大きく転換する必要がある」と述べています。

また「原子力発電の安全対策に関するもの」としては、地震、津波、火山など外的事象のリスク評価の必要性やシビアアクシデント対策に関する提言が盛り込まれています。

ほかに「原子力災害に対応する態勢に関するもの」「被害の防止・軽減策

に関するもの」「国際調和に関するもの」「関係機関の在り方に関するもの」と続いた後、最後に「継続的な原因解明・彼我一様さに関するもの」で、事故調査の継続を訴えています。

　国、電力事業者、原子力発電プラントメーカー、研究機関、関連学会といったおよそ原子力発電に関わる関係者（関係組織）は、今回の事故の件使用及び事実解明を積極的に担うべき立場にあり、こうした未解明の諸事項について、それぞれの立場で包括的かつ徹底した調査・検証を継続するべきである。

失敗学の権威である畑村洋太郎委員長の所感が話題を呼びました。
◆ありうることは起こる。あり得ないと思うことも起こる。
◆見たくないものは見えない。見たいものが見える。
◆可能な限りの想定と十分な準備をする。
◆形を作っただけでは機能しない。仕組みは作れるが、目的は共有されない。
◆すべては変わるのであり、変化に柔軟に対応する。
◆危険の存在を認め、危険に正対して議論できる文化を作る。
◆自分の目で見て自分のアタマで考え、判断・行動することが重要であることを認識し、そのような能力を涵養することが重要である。

事故原因は永遠に闇の中に……

すべての報告書を読んでみて、私の感想は以下の通りです。
第一に、事故原因の解明はまだ緒に就いたばかりであり、全容は解明されておらず、この段階で東電を除いて事故調査委員会を解散してしまったことは、「日本は事故原因の究明を放棄した」という国際社会の批判を浴びるだろうという点です。
　何度も書いたように、いまだに溶けた燃料がどこにあるのか、格納容器はどこが壊れたのか、わかっていません。これを放置したまま「最終報告」とするならば、事故原因は永遠に闇の中です。
　原因が未解明なまま、新しい安全基準を作ることは不可能ですし、再稼働

の根拠も薄弱です。政府事故調の提言の通り、国や原子力学会、産業界が英知を結集して、何年かかっても、ぎりぎりまで事故原因の究明を行うべきだと思います。

　第二はいずれの報告書も「原子力防災」の視点が充分ではないという点です。断片的に触れられてはいるものの、本来はどうあるべきだったのか、きちんとした批判がなされていません。その結果、住民の命と健康を守るよりも、原子炉を守ることを優先する事態になってしまいました。

　災害対策基本法、原子力災害対策特別措置法、原子炉等規制法、防災基本計画、立地審査指針や防災指針がありながら、なぜ住民の生命・財産・健康を第一に守れなかったのか、真摯に反省すべきです。

　第三は情報の公開のあり方です。国会事故調は延べ900時間超、1167人にヒアリングを行いました。政府事故調は延べ1479時間、772名にヒアリングを行いましたが、その内容は断片的に報告書に反映されているだけです。私はヒアリンクの内容すべてを生のまま公開すべきだと思います。そうでなければ畑村・政府事故調委員長のいう「100年後の批判に耐えること」は到底不可能だと思います。

　報告書を読んでいて、いったいどのポジションにいた誰がしゃべっているのか、Aという運転員と別の運転員の供述に矛盾はないのか、嘘はないのか、こうしたことを読み手の側が検証することが全くできませんでした。

　実名の公開がムリであれば、番号を振ればいいだけです。

　スリーマイル島原発事故の調査を行ったケメニー委員会は、150回に及ぶヒアリングをすべて公開で行いました。議事録の量は、積み上げると床から天井まで達したと言われています。アメリカ原子力規制委員会（NRC）は福島第一原発事故に関わる議事録3000ページをウェブ上で公開しています。すべてを公開しない限り、歴史の検証には耐えられません。「自主・民主・公開」の原則を忠実に実行してほしいと思います。

　ところで事故調査に対して原子力ムラの総本山「原子力学会」はどのような態度を示したでしょうか？

　一般社団法人・原子力学会は2011年7月、「個人の責任追及に偏らない

調査を求める声明」を発表しました（下線筆者）。

　これまで我が国の重大事故の調査においては、本来組織の問題として取り上げられるべきことまでが個人の責任に帰されることをおそれて、しばしば関係者の正確な証言が得られないことがあった。（中略）今回の事故調査においては東京電力（株）福島第一原子力発電所及び原子力防災センター（OFC）等の<u>現場で運転、連絡調整に従事した関係者はもとより、事故炉の設計・建設・審査・検査等に関与した個人に対する責任追及を目的としない</u>という立場を明確にすることが必要である。

2011年7月といえば、まだ住民の多くが被ばくに晒されている中で、原子力学会はまず、自分たちの責任逃れのために声明を発表したのです。「学者の良心」も地に落ちました。原子力ムラとはそういう社会なのです。

2012年12月の総選挙で自民党政権が復活して以来、新聞やテレビの報道で福島第一原発のニュースが取り上げられる機会がめっきり減りました。私は日々新聞の切り抜きを欠かしませんので、手に取るようにわかります。
　事故調は解散し、事故原因究明の担い手はなくなりました。メディアも取り上げなくなりました。東電の最近のプレスリリースも、見透かしたように内容のないものとなっています。
　日本人はなんと早く水に流してしまう国民なのでしょうか？
　東京電力福島第一原発事故の原因究明は行われないまま、事故そのものが闇に葬られていくのだと、今感じています。

エピローグ　そして謝辞

　この本のタイトルを「原発爆発」とするには多少の躊躇がありました。2011年6月、当時日本テレビのディレクター・プロデューサーだった水島宏明法政大学教授と、同タイトルのドキュメンタリーを制作しました。なぜ福島第一原発は爆発したのか、原発が爆発するとはどういうことなのか、少しでも明らかにしたかったからです。
　ただ「原発爆発」ではあたかも格納容器が吹き飛んだような印象を与えかねないと思い、私は乗り気ではありませんでした。
　しかし、取材を進めるうちに、原子炉建屋の爆発は、ほとんど不可避的に格納容器や配管の破損を伴うことがはっきりしました。当時の枝野長官の「格納容器は健全です」という言葉が、いかにむなしい強がりだったか、私たちは忘れてはなりません。
　福島中央テレビが撮影した「原発爆発」の映像を何度も見ました。そのたびに、原発は水素爆発のリスクから逃れられないと確信するようになりました。この本のタイトルを、「原発爆発」とした理由はそこにあります。
　水島氏とは2012年3月にも放射性廃棄物の処分問題を扱った、「行くも地獄　戻るも地獄　倉澤治雄が見た原発ゴミ」というドキュメンタリーを制作し、日本ジャーナリスト会議（ＪＣＪ）から賞をいただきました。
　東電福島第一原発事故は、いままで息をひそめていた原子力開発の矛盾を、一気に白日の下に晒しました。「賛成か反対か」「推進か脱原発か」といった踏み絵的な二元論を超えて、現実を直視しなければならない時が来ました。
　私たちの選択は、私たちの後の何代にもわたる世代の運命を変えてしまうかもしれないのです。

　この本では何の定義もせずに、「原子力ムラ」という言葉を使いました。いずれ「原子力ムラ」の構造を明らかにしていきたいと思っていますが、今はあいまいなまま使うことにします。というのも、「原子力ムラ」の中にも、

様々な人たちがいるからです。

　取材ではたくさんの「専門家」に話を聞きました。この本を書くうえで貴重な意見交換をさせていただいたのは、原子力防災の専門家である元四国電力の松野元さんです。松野さんとの会話はいつも刺激的で、原発事故から「人」を守るためにはどうしたらよいか、常に考えさせられました。

　福島中央テレビが撮影した水素爆発の映像を徹底分析したのは、秋田県立大学システム科学技術学部の鶴田俊教授です。燃焼工学の専門家である鶴田先生の実証的な研究には執念を感じます。最近のレポートで鶴田教授は、2号機の圧力抑制室で「水蒸気爆発」が起きた可能性を指摘されています。

　たった一度だけ取材に応じてくれた日本原子力研究開発機構の渡辺憲夫さんとの議論も忘れられません。渡辺さんは現在も原子力規制委員会の下部組織で活躍されていますが、事故解析と規制の実態について、これほど精通している専門家はいないと確信しました。

　この本では水素爆発の画像をふんだんに使わせていただきました。許諾してくれた福島中央テレビには、この場を借りてお礼を申し上げます。歴史的な映像は普段の地道な取材から生まれます。特ダネやスクープは目の前にあります。それを拾い上げるのは日々の地道な取材と、ニュースのプロとしての鋭利な感覚です。

　私が初めて原発について書いた本は『われらチェルノブイリの虜囚』(三一書房、1987年)という本です。故水戸巌さん(当時　芝浦工大教授)、故高木仁三郎さん(プルトニウム研究会代表)という重鎮に並んで、1章を担当させてもらいました。本の題名と同じ「虜」という言葉を、国会事故調が使ったことに、幾ばくかの感慨を覚えます。私たちは皆、原発の「虜」です。

　『われらチェルノブイリの虜囚』を企画したのは、私の兄のような存在だった時事通信記者の故山口俊明さんです。山口さんはスリーマイル島原発事故の直後、原発先進国フランスの取材のために1カ月の有給休暇を取り、会社から処分を受けたことから、死ぬまで会社とたたかいつづけた硬骨漢です。裁判の行方は「有給休暇」という労働者の権利の問題ですので、「バカンス裁判」としてメディアにも大きく取り上げられました。

高裁で勝訴したものの最高裁で逆転敗訴し、その後会社を懲戒免職となりましたが、ただの一度もひるむことはありませんでした。福島第一原発事故の前年に亡くなりました。山口さんが生きていたらどんな記事を書いたかと思うと、残念でなりません。この本は山口さんに捧げます。

　取材記者には「現場百度」という言葉があります。どんなに難しい事件でも、現場に百度通えば事件の結末が見えてくるという、警察官の格言でした。最近は現場に行かない記者が増えていると聞かされ驚いています。
　原発事故では現場に容易に近づくことができません。どんなに資料や図面を見ても、現場に行ったことのない私たちにはわからないことがたくさんあります。机上の知識を現場の状況に置き換えることができたのは、元東電社員である蓮池透さんのおかげです。福島第一原発での勤務も長い蓮池さんの知識と経験が、どれだけ私の事故の理解を助けたかわかりません。
　序章でも述べましたが、日本テレビの若い記者は皆優秀です。東電から事故当時のデータ2900枚が段ボール2箱に詰められて送られてきたことがありました。彼らはひるむことなく分析にとりかかり、数日で読み解きました。その時のレポートを今読み返してみると、どの事故調の報告書より早く正確に事故の流れをとらえていました。
　まだまだ事故は収束していません。あらゆる事実を明らかにして、多様な視点で原発の問題を報道してほしいと強く願っています。

　大学時代のオーケストラ仲間にも一片の謝辞を捧げます。3月13日の早朝から取材に加わり、データを整理するまもなくスタジオ出演が続きました。そんな時、数値計算やデータの掘り起こしを手伝ってくれたのがかつてのオーケストラ仲間でした。

　もう一度繰り返しておきますが、いったい福島第一原発で何が起きたのか、なぜ起きたのか、現状がどうなっているのか、事故から2年たった今もほとんどわかっていません。幾人かの専門家は、「永遠にわからないかもしれない」と述べており、私はこのまま闇に葬られるのではないかと恐れています。

エピローグ　そして謝辞

　私たちが目をそらすことは、間違いなく次の事故を準備することになります。私たちの責任は重大です。

　最後にこの本の出版を快諾してくれた高文研、とくに編集者の真鍋かおるさんに御礼を申し上げます。すでに原発事故については何百冊も出版されている中で、あえてこの本を世に出そうと決断してくれた心意気は、久しぶりに私を奮い立たせてくれました。
　私の取材もこれで終わることはありません。東電福島第一原発事故がこれからどうなるのか、日本の原子力開発がどのような道をたどるのか、しっかりと見届けていくつもりです。

　2013年5月　東京にて

倉澤　治雄

倉澤　治雄（くらさわ・はるお）

1952年千葉県生まれ。科学ジャーナリスト。1977年東京大学教養学部基礎科学科卒。79年フランス国立ボルドー大学大学院第三博士課程修了（物理化学専攻）。80年日本テレビ入社、社会部、政治部、経済部、外報部、北京支局長、経済部長、政治部長、解説主幹を務める。2012年9月、日本テレビ退職。

主な共著書：『われらチェルノブイリの虜囚』（共著、三一書房、1987年）、『原子力船むつ―虚構の航跡』（現代書館、1988年）、『取材される側の権利』（共著〈ペンネーム・小泉哲郎〉、日本評論社、1990年）、『徹底討論　犯罪報道と人権』（共著、現代書館、1993年）、『テレビジャーナリズムの作法』（共著〈ペンネーム・小泉哲郎〉、花伝社、1998年）。他に原発関連のルポ多数。

原発爆発

●2013年7月1日　　　　　　第1刷発行

著　者／倉澤　治雄
発行所／株式会社　高文研
　　　　東京都千代田区猿楽町2-1-8　〒101-0064
　　　　TEL 03-3295-3415　振替 00160-6-18956
　　　　http://www.koubunken.co.jp

印刷・製本／シナノ印刷株式会社

★乱丁・落丁本は送料当社負担でお取り替えします。

ISBN978-4-87498-517-5　C0036